ISBN	978-3-00-034236-3

Kontakt	info@loew-partner.de
Internet	www.loew-partner.de

Fotos	Photographie Krompass
Zeichnungen	Hannes Strasser
Layout	ku:visions Werbeagentur
Internet	www.ku4you.com

Da die rechtliche Lage ständigen Änderungen unterliegt, kann seitens des Autors oder des Unternehmens Löw & Partner keine Gewähr oder Haftung für die Richtigkeit der nachfolgenden rechtlichen Angaben in diesem Buch erfolgen. Im Zweifelsfall wenden Sie sich bitte an einen Fachanwalt für Arbeitsrecht.

LÖW & PARTNER
Kursmappe
FORENSISCHES
PRAVENTIONS
MANAGEMENT
BEWERBUNG

Falle Bewerbungsbetrug

Erkennen und vermeiden

Inhaltsverzeichnis

Seite

Wichtige Hinweise

Das Buch wurde zwecks einer besseren Lesbarkeit überwiegend in der männlichen Form verfasst. Selbstverständlich sind Frauen gleichermaßen angesprochen.

Weiter wurde das Buch in einer großen, gut zu erkennenden Schriftart gedruckt, um eine bessere Lesbarkeit auf Geschäftsreisen (Flugzeug, Bahn, etc.) zu gewährleisten.

Ferner finden sich im Buch auch einige themenübergreifende Wiederholungen. Die Intention des Autors war hierbei, einen schnellen und vollständigen Überblick über einzelne Kapitel zu ermöglichen. Dadurch können diese auch ohne das vollständige Lesen des Buches umfänglich erfasst werden.

Über den Autor

Marco Löw wurde in der Wirtschaft durch seine Spezialseminare zu den Themen „Bewerbungsbetrug" und „Glaubwürdigkeitserkennung bei Gesprächspartnern" bekannt. In seinen Seminaren und Vorträgen begeistert der Top-100-Trainer (Trainers Excellence) die Teilnehmer mit seinen Einblicken aus der kriminalistischen Praxis. Er gilt als der deutsche Experte für taktische Gesprächstechniken zur Sachverhaltsklärung und Glaubwürdigkeitsüberprüfung.

Der Autor wurde 1975 in Rosenheim geboren. Schon früh faszinierten ihn die Hintergründe und Abgründe der Kriminalität, die zugrunde liegende Täterpsychologie sowie die Möglichkeiten, kriminelle Handlungen zu erforschen und aufzuklären.

Aufgrund seiner Affinität zur Kriminalistik trat Marco Löw im Alter von 20 Jahren in den Polizeidienst ein. Dort durchlief er verschiedene Stationen der Schutz- und Kriminalpolizei. Anfang 2000 war Marco Löw einer der Hauptermittler der Ermittlungsgruppe Gold, welche bundesweite Bekanntheit erlangte aufgrund ihrer Ermittlungserfolge im Bereich des organisierten Diebstahls und der organisierten Hehlerei.

Marco Löw war außerdem mehrere Jahre als Ausbilder in einer Polizeischule für die Bereiche Vernehmungslehre, Einsatztraining und Schießen verantwortlich. Er schulte des Weiteren zahlreiche externe Polizeibeamte in kriminalistischen Befragungstechniken und -taktiken.

Ferner war Marco Löw langjähriger kriminalpolizeilicher Betrugsermittler und bearbeitete unzählige Betrugsfälle in mannigfacher Ausprägung. Insbesondere im Bereich des Bewerbungsbetrugs fiel ihm auf, dass viele Unternehmen aufgrund mangelnder kriminalistischer Kenntnis und vielfach nicht vorhandener Sensibilisierung leichte Opfer von Bewerbungsbetrügern werden.

Im Jahr 2010 verließ Marco Löw den Polizeidienst und gründete die Firma Löw & Partner. Die Intention des Autors war hierbei, erstmals der Wirtschaft fundierte kriminalistische Wissensvermittlung zu ermöglichen, um diese bei ihren Präventionsmaßnahmen optimal zu unterstützen.

Die Firma Löw & Partner bietet ein umfangreiches Paket des Unternehmensschutzes an. Die Zielrichtung ist in diesem Zusammenhang, dem Kunden zu ermöglichen, sein Unternehmen vor sogenannten dolosen Handlungen zu schützen sowie bereits vorhandene Vorfälle aufzuklären.

Marco Löw hat mehrere Bücher zu wirtschaftskriminalistischen Themen geschrieben. Sein Buch „Falle Bewerbungsbetrug!" ist das erste auf dem Markt, das sich intensiv und nachhaltig mit der Methodik zur Prävention von Bewerbungsbetrug auseinandersetzt.

Die Buchreihe „Kriminalistische Befragungstaktiken für die Wirtschaft" hat auf dem Markt ebenfalls Alleinstellungsmerkmal. Mit dieser Buchreihe verfolgt der Autor die Intention, Führungspersonen aus der Wirtschaft in professionellen Befragungstaktiken auszubilden und darüber hinaus ihre kriminalistischen Wahrnehmungsfähigkeiten zu schärfen.

Mit seinen Seminaren, Coachings, Beratungen und Büchern möchte der Autor dazu beitragen, die Wirtschaftswelt sicherer zu machen.

WIR ERSCHRECKEN ÜBER UNSERE EIGENEN SÜNDEN, WENN WIR SIE AN ANDEREN ERBLICKEN.

Johann Wolfgang von Goethe

Vorwort

Renommierte Wirtschaftsprüfgesellschaften und Detekteien, wie beispielsweise die Detektive Kocks, gehen von einer Lügenrate in Bewerbungsunterlagen von bis zu 30 Prozent aus. Meiner kriminalistischen Erfahrung nach ist dies zwar ein wenig zu hoch gegriffen, 10 bis 20 Prozent dürften jedoch der Realität entsprechen. Meine Erfahrungswerte decken sich auch annähernd mit den Ergebnissen amerikanischer Untersuchungen zu diesem Thema, auf welche ich nachfolgend eingehe.

In den USA wird das Thema „Bewerbungsbetrug“ schon seit langem wesentlich professioneller angegangen, als dies in den deutschsprachigen Ländern gemeinhin der Fall ist.

In den USA existiert der sogenannte Liars-Index, der gefälschte Bewerbungsunterlagen statistisch erfasst. Dieser Index weist dabei regelmäßig Werte im zweistelligen Prozent-Bereich aus. Sehr interessant ist in diesem Zusammenhang eine groß angelegte Bewerberüberprüfung des amerikanischen Personaldienstleistungsunternehmens ADP Employer Services aus dem Jahr 2005. ADP überprüfte über drei Millionen Bewerbungen und stellte in ca. 10 Prozent der Fälle Unregelmäßigkeiten fest.

Ungefähr 70 Prozent aller Bewerber, welche sich auf betrügerische Art ihre Arbeitsstelle erschlichen haben, sind auch für den Arbeitgeber eine potenzielle Gefahr, dolose Handlungen betreffend. Dies steht im Zusammenhang mit den spezifischen Charaktermerkmalen dieser Personengruppe.

In diesem Buch steht nicht die Prüfung der Qualität eines Bewerbers hinsichtlich seiner Kompatibilität mit der zu besetzenden Stelle im Vordergrund, sondern die Integritäts- und Glaubhaftigkeitsprüfung eines Bewerbers. Insofern ist dieses Buch als wertvolle Ergänzung, jedoch nicht als Ersatz für herkömmliche Bücher zum Thema „Bewerbungsgespräche“ zu sehen.

Dieses Buch soll sowohl einen schnellen als auch fundierten Überblick über die Integritätsprüfung bei Einstellungsgesprächen ermöglichen sowie typische Fallen und deren Umgehung aufzeigen. Hierbei steht eine möglichst unauffällige Integritätsprüfung im Vordergrund, um Bewerber nicht vorab zu verunsichern.

In meiner langjährigen Zugehörigkeit zur Kriminalpolizei habe ich immer wieder die Erfahrung gemacht, dass nur wenige Unternehmen für die Thematik des Bewerbungsbetruges ausreichend sensibilisiert sind. Unterschätzt werden von vielen Personalverantwortlichen sowohl die Häufigkeit des Vorkommens als auch die Qualität der Fälschungen. Nicht selten lautet die vorherrschende Meinung, ein akkurates Bewerbungsschreiben sei automatisch mit Seriosität gleichzusetzen.

Bewerbungsbetrug ist ein Phänomen, welches in allen Bildungs- und Karriereebenen anzutreffen ist. Hauptschulabschlüsse werden genauso gefälscht wie Doktortitel, Diplome, Urkunden, Teilnahmebestätigungen an Weiterbildungsveranstaltungen, Arbeitszeugnisse oder Sprachdiplome.

Leider ist das Thema „Bewerbungsbetrug" hierzulande oftmals ein Tabuthema. Dabei verhält es sich gerade so, dass nur ein offener Umgang mit der Thematik die dramatische Zunahme der Bewerbungsbetrugsfälle wirksam bekämpfen kann.
Es ist mittlerweile ein offenes Geheimnis, dass sich inzwischen eine eigene, immer größer werdende Fälscherszene formiert hat, die sich ausschließlich auf

Fälschungen von Lebensläufen, Referenzen und akademischen Titeln sowie alle sonstigen Dienstleistungen für sogenannte „schnelle Beförderungen und Qualifizierungen“ spezialisiert hat.

Diese Fälscherbanden halten Briefköpfe, Firmenlogos und Universitätssiegel auf ihren Rechnern bereit, welche zuvor eingescannt wurden.

Selbst wenn man lediglich von einem durchschnittlichen Bewerbungsbetrüger ausgeht, besteht dennoch ein großes Risiko, diesem auf den Leim zu gehen, wenn man über kein spezielles Expertenwissen verfügt.

Deshalb ist die Absicht dieses Buches, Expertenwissen schnell und leicht nachvollziehbar zu vermitteln. Schließlich kann heute jeder Laie mit rudimentären PC-Kenntnissen, einer guten Software und einem hochwertigen Drucker kinderleicht Urkunden, Referenzen, Arbeitszeugnisse, etc. erstellen.

Durch die Kombination von Vorermittlungsrecherchen, gesteigerter Wahrnehmung, dem Wissen um die häufigsten Vorgehensweisen von Bewerbungsbetrügern sowie einer professionellen spezifischen Befragungstaktik lassen sich Bewerber fundiert und unauffällig überprüfen.

Bereits eine Sensibilisierung für die Thematik und die bestehenden Fallen liefert Erfolge, weshalb Praxisbeispiele ebenfalls Bestandteil dieses Buches sind.

Grundsätzlich ist Bewerbungsbetrug nichts anderes als eine moderne Form der Hochstapelei. Nur dass es nicht um die Erschleichung einer Ehe oder eines Hotelzimmers, sondern um das betrügerische Erlangen eines Arbeitsplatzes geht.

In einer Gesellschaft, in der Konsum und Statussymbole den persönlichen Wohlfühlfaktor der meisten Menschen nachhaltig beeinflussen, bei gleichzeitigem Mangel an Möglichkeiten, auf legalem Weg einen hochbezahlten Arbeitsplatz zu bekommen, verwundert die rasante Zunahme von Bewerbungsbetrugsfällen keineswegs.

Hinzu kommen die oft überzogenen Stellenanforderungen mancher Unternehmen. Bewerber sollen idealerweise ein niedriges Alter aufweisen und dennoch ein oder mehrere Studiengänge abgeschlossen haben, mehrere Fremdsprachen in Wort und Schrift fließend beherrschen, einige Auslandspraktika absolviert und einen makellosen, schlüssigen Lebenslauf vorweisen können. Dies alles vor dem Hintergrund, dass Jugendliche gerade aufgrund ihres niedrigen Alters in der Mehrzahl der Fälle nicht von Anbeginn an einem konsistenten Lebenslauf arbeiten.

Eine bundesweite Umfrage unter Hauptschüler in Bezug auf deren Berufswunsch ergab, dass ein Großteil der Befragten illusorische Berufswünsche hatte. Die Schüler, die ein Jahr vor ihrem Hauptschulabschluss standen, gaben unter anderem Berufsziele wie Pilot, Geschäftsführer oder Anwalt an. Der gesellschaftliche Druck in Form materieller und statusbezogener Anerkennung macht eben auch vor einem gesunden Realitätssinn keinen Halt.

Über das Konzept dieses Buches

Die Intention dieses Buches ist darauf ausgerichtet, problematische Bewerber (integritätsbezogen), spätestens beim Bewerbungsgespräch zu erkennen und auszusortieren. Um dies zu erreichen, wird der Leser in logisch nachvollziehbaren Schritten an die Thematik und die wesentlichen Inhalte herangeführt. In diesem Buch steht ebenso wie bei den entsprechenden Seminaren des Unternehmens Löw & Partner die praktische Anwendungskompetenz im Vordergrund.

Zunächst wird in die Möglichkeiten der Onlinerecherche eingeführt. In der heutigen Zeit hinterlässt beinahe jeder Mensch im erwerbsfähigen Alter Spuren im World Wide Web. In den meisten Fällen gelingt es bereits, durch eine gründliche Onlinerecherche viele wertvolle Informationen über den Bewerber zu erhalten und diese dann mit den Bewerbungsunterlagen abzugleichen. Oftmals reicht hier schon eine einfache Google-Recherche aus.

Die Bewerbungsunterlagen wiederum werden auf Authentizität bzw. Glaubhaftigkeit geprüft. Hierzu vermittelt dieses Buch die wichtigsten 30 Grundsätze bei der Prüfung von Bewerbungsunterlagen.

Durch eine gezielte Vorermittlungsrecherche, die neben der Onlinerecherche aus vielen weiteren Quellen wie beispielsweise der Anfrage bei früheren Arbeitgebern oder Behörden bestehen kann, wird die erste Sicherheitshürde in den Auswahlmechanismus implementiert. Im Zuge dessen wird dem Bewerber ein spezieller Fragebogen übersandt, aus dessen Beantwortung und dem gezielten taktischen Einsatz von Wiederholungsfragen eine zweite Sicherheitshürde positioniert wird.

Ist der Vortest positiv verlaufen und erscheint der Kandidat dem Unternehmen interessant, so erfolgt die Einladung zum Bewerbungsgespräch. An dieser Stelle vermittle ich die Anwendung gezielter Integritätsfragen, zeige die häufigsten Fehler im Bewerbungsgespräch auf und biete eine Orientierung anhand der Aufstellung von Fragegrundsätzen.
Die beste Gesprächskompetenz reicht jedoch nicht aus, wenn nicht auch eine ausgeprägte Wahrnehmungsfähigkeit seitens des Interviewers besteht. Daher befasst sich dieses Buch auch mit diesem Wissenskomplex.

Als weitere Hilfestellung enthält dieses Buch einen Gesprächsleitfaden. So kann sich der Leser bei der individuellen Konzeption seiner Interviewführung daran gleich einem roten Faden orientieren.

Um die Thematik anschaulich darzustellen und meine geschätzten Leser zu sensibilisieren, finden sich in diesem Buch auch Beispiele meiner kriminalistischen Praxiserfahrung.

Praxisbeispiele

Nachfolgend möchte ich Sie mit einigen Beispielen aus meiner kriminalistischen Praxis vertraut machen. Die Praxisbeispiele dienen dem Zweck, Sie für die Thematik des Bewerbungsbetruges zu sensibilisieren, bevor ich im weiteren Verlauf dieses Buches auf konkrete Details zum Erkennen und Aufdecken von Bewerbungsbetrugshandlungen eingehe.

Interessanterweise wurden viele Bewerbungsbetrugsfälle, die ich bei der Kriminalpolizei bearbeitet habe, überwiegend durch Zufall aufgefunden. Gegen die jeweils beschuldigte Person wurde wegen einem anderen Straftatbestand ermittelt. Dabei kam der Bewerbungsbetrug quasi „en passant" ans Tageslicht. Selbstverständlich sind die nachstehenden Beispiele nur eine kleine Auswahl. Sie sollten aber zur Sensibilisierung bereits ausreichen.

Ein häufig vorkommender Fall ist ein solcher, in dem der Bewerber Referenzen und Arbeitszeugnisse aus der weiter zurückliegenden Vergangenheit fälscht. Häufig handelt es sich in diesem Zusammenhang um Totalfälschungen. Der Bewerber ist beispielsweise bereits längere Zeit auf dem Arbeitsmarkt tätig und hat bis dato eher mittelmäßige Arbeitszeugnisse erhalten. Nun strebt er aber eine gut dotierte Stelle an und fälscht alle bisherigen Arbeitszeugnisse mit Ausnahme des letzten.

Hierbei sind verschiedene Varianten denkbar. Drei Varianten kommen dabei besonders häufig vor. Entweder der Bewerber erfindet Firmen, die es nie gegeben hat, oder er hat tatsächlich bei den jeweiligen Unternehmen gearbeitet und stellt sich nun ein neues Arbeitszeugnis aus. Dabei orientiert er sich bei dessen Gestaltung am tatsächlich vorhandenen Original. In der dritten Variante hat er angeblich bei einer tatsächlich existierenden Firma gearbeitet, die jedoch noch nie von ihrem vermeintlichen Mitarbeiter gehört hat.

Der Bewerbungsbetrüger geht hierbei davon aus, dass sich die meisten Firmen, wenn überhaupt, allenfalls beim letzten Arbeitgeber über den Bewerber erkundigen. Um nicht aufzufliegen, verwendet der Betrüger das letzte originale Arbeitszeugnis und kombiniert dieses dann mit den gefälschten Zeugnissen aus der Vergangenheit. Beim Bewerbungsgespräch stellt der Bewerber den Sachverhalt so dar, dass er zwar über einen langen Zeitraum hinweg ein hohes Leistungsniveau gehalten hatte, aber es bei seinem letzten Arbeitgeber aus diesem oder jenem Grund Probleme mit seinem Vorgesetzten gab. Aus Rache stellte dieser dem Bewerber angeblich ein negatives Arbeitszeugnis aus.

Mit ein wenig schauspielerischem Talent und der Bekräftigung durch die gefälschten positiven Arbeitszeugnisse aus der Vergangenheit wurde schon so mancher Personalchef um den Finger gewickelt.

Dies besonders dann, wenn der Bewerber die im Arbeitszeugnis kritisierten Schwächen vermeintlich gar nicht haben kann. Beispielsweise wurde dem Bewerber durch eine codierte Formulierung im Arbeitszeugnis eine schlampige Arbeitsweise bescheinigt. Das gesamte Bewerbungsschreiben ist aber äußerst akkurat abgefasst und der persönliche Auftritt des Bewerbers ist, sowohl von der Etikette als auch seines äußeren Erscheinungsbildes tadellos. Es ist unter solchen Umständen kaum verwunderlich, dass Bewerbungsbetrüger mit ihrer Masche oftmals durchkommen. Die Dunkelziffer ist meines Erachtens und meiner Erfahrung nach ziemlich hoch einzuschätzen.

DIE STRATEGIE IST EINE
ÖKONOMIE DER KRÄFTE.

Carl von Clausewitz

In einem Fall aus meiner Praxis verhielt es sich so, dass der Bewerber in der Tat eine Reihe von guten bis sogar sehr guten Arbeitszeugnissen vorweisen konnte. Allerdings hatte er bei keiner Stelle Führungserfahrung gewonnen. Genau dies war jedoch bei einer von ihm präferierten Stelle gefordert. Daher fälschte er ein echtes Arbeitszeugnis, indem er einfach ein paar Sätze ergänzte.

Andere wiederum fälschen Arbeitszeugnisse aus dem Grund, Zeiten der Arbeitslosigkeit zu kaschieren. Ein konsistenter Lebenslauf wird schließlich von vielen Arbeitgebern als obligatorisch betrachtet. Gerade die Kaschierung der Arbeitslosigkeit ist ein häufig anzutreffendes Phänomen. Das ist an und für sich auch ganz logisch: Wenn man die hohen Arbeitslosenzahlen den wenigen gut dotierten Stellen gegenüberstellt und in diesem Kontext berücksichtigt, dass ein lückenhafter Lebenslauf bei vielen Arbeitgebern ein Ausschlusskriterium darstellt, verwundert das häufige Auftreten dieses Phänomens in keiner Weise.

Ein anderer sehr interessanter Fall aus meinem Fundus ist mein Autohausfall. Ein Bewerber wollte eine fast zweijährige Arbeitslosigkeit tarnen. Er hatte italienische Wurzeln, jedoch nie in Italien gelebt. Aufgrund seiner zweisprachigen Erziehung besaß er recht passable Italienischkenntnisse. Mit dem allseits beliebten Sprachtest, der insbesondere in Bezug auf die Englischkenntnisse oft angewandt wird, wäre man als Personalchef nicht weit gekommen.

Der Onkel des Bewerbers lebte seit vielen Jahren in Süditalien und betrieb dort zwei Autohäuser. Gerne stellte er seinem Neffen aus Gefälligkeit und familiärer Verbundenheit ein Arbeitszeugnis mit bester Bewertung aus, das diesem bescheinigte, dort als Geschäftsführer zwei Jahre lang eines der Autohäuser geleitet zu haben.

Selbst wenn man bei diesem Autohaus nachgefragt hätte, wäre die Richtigkeit des Arbeitszeugnisses seitens des Arbeitgebers bestätigt worden. Mit herkömmlichen Mitteln wäre der Fall nicht ohne Weiteres zu lösen gewesen. Insbesondere auch deshalb nicht, weil Onkel und Neffe gänzlich verschiedene Familiennamen besaßen. Der Bewerber hatte einen deutschen Familiennamen, sein Onkel einen italienischen. Gleichwohl wäre eine schnelle Aufdeckung des Bewerberbetruges durch die von mir konzipierte Speed-Methode zur Glaubhaftigkeitsprüfung kein großes

Problem gewesen. Auf diese Methode gehe ich im Verlauf des Buches näher ein.

Da der Personalchef jedoch über keinerlei kriminalistische Fragekompetenz verfügte, wurde dessen Unternehmen letztlich Opfer einer nicht unerheblichen dolosen Handlung seitens des letztlich eingestellten Bewerbungsbetrügers. Dies ist auch nicht weiter verwunderlich, da sich viele Täter von dolosen Handlungen aus ehemaligen Bewerbungsbetrügern rekrutieren. Der Grund hierfür ist simpel: Für beide Taten sind ähnliche Charaktermerkmale signifikant.

In einem anderen Fall hatte ich aus dienstlichen Gründen im Rahmen eines größeren Ermittlungsfalles Einsicht in die Personalakte eines Mitarbeiters bei dem durch ihn geschädigten Unternehmen. Während der Durchsicht seiner dort vorhandenen Bewerbungsunterlagen fiel mir auf, dass eine auf ihn ausgestellte Urkunde einen Firmenkopf mit fünfstelliger Postleitzahl enthielt. Das Ausstellungsdatum war der 05.03.1993. Ich habe mir dieses Datum deshalb bis zum heutigen Tag gemerkt, weil der 05.03. das Geburtsdatum meines Vaters ist.

Zum Verhängnis wurde dem Bewerbungsbetrüger hier die Tatsache, dass die neuen Postleitzahlen erst zum 01.07.1993 eingeführt wurden. Wäre das angegebene Datum kurz vor diesem Termin gewesen, dann hätte es unter Umständen darin begründet sein können, dass die Firma gerade auf die neuen Postleitzahlen umgestellt hatte. Im März 1993 waren die neuen Postleitzahlen hingegen definitiv noch nicht bekannt.

Einen Klassiker unter den Bewerbungsbetrugsfällen stellt die Urkundenausstellung an einem Sonntag oder einem sonstigen Feiertag dar. Es darf zutiefst bezweifelt werden, dass es überhaupt Personalchefs gibt, die an einem Sonntag Arbeitszeugnisse ausstellen. Zumindest ist in solchen Fällen eine genauere Betrachtung sinnvoll und notwendig. Auf der Seite www.umrechnung.org kann in wenigen Sekunden überprüft werden, welches Datum welchem Wochentag zuzuordnen ist.

Ein Freund von mir beobachtete eines Tages eine Dame, welche sich in einem öffentlichen Kopiershop aus dem Briefkopf eines Schreibens und einem vorgefertigten Blatt ein neues Schreiben bastelte. Man kann zwar nur vermuten, was sie tatsächlich damit bezweckte, aber bestimmt keine auf Ehrlichkeit begründete Handlung.

Eine weitere gute Methode zur Erkennung von Bewerbungsbetrügern sind idiosynkratische Verhaltensmuster. Unter idiosynkratischen Verhaltensmustern versteht man psychologische, nonverbale und sprachliche Besonderheiten eines Menschen. Bei der Lügenerkennung sind alle drei Punkte wichtig. Für die Überprüfung von Bewerbungsunterlagen eignet sich vor allem der letzte Punkt.

Jeder von uns hat individuelle Lieblingswörter, Formulierungsweisen, bevorzugte Fremdwörter oder auch bestimmte Rechtschreibschwächen. Idiosynkratische Verhaltensweisen werden Bewerbungsbetrügern schnell zum Verhängnis, wenn sie beispielsweise mehrere Arbeitszeugnisse fälschen. Es darf als äußerst unwahrscheinlich angesehen werden, dass unterschiedliche Arbeitgeber bzw. Personalchefs unabhängig voneinander dieselben sprachlichen Präferenzen und Schwächen aufweisen.

Bei den Fälschungen von Bewerbungsunterlagen ist grundsätzlich, genauso wie bei Ausweisfälschungen, zwischen Teil- und Totalfälschungen zu unterscheiden. Teilfälschungen bezeichnen Fälschungen auf einem echten Dokument, zum Beispiel durch Ausbesserungen oder Hinzufügungen. Unter Totalfälschungen versteht man, dass ein Dokument quasi komplett erfunden wird.

Im Falle von Teilfälschungen sind Kleinigkeiten oft entscheidend. Beispielsweise ist es für den Fälscher schwierig, ausgebesserte Buchstaben und Zahlen in der gleichen Größe und Schriftart zu ersetzen. Manchmal unterlaufen dem Fälscher auch Leichtsinnsfehler wie das Übersehen einer nicht kongruenten Flexionsendung.

DER CHARAKTER RUHT AUF DER PERSÖNLICHKEIT, NICHT AUF DEN TALENTEN.

Johann Wolfgang von Goethe

Die 30 wichtigsten Prüfpunkte zur Glaubhaftigkeit bei Bewerbungsunterlagen

01. Soweit Berufsstationen nur mit Jahreszahlen angegeben werden, sind Lücken leicht zu tarnen.

02. Können alle angegebenen Stationen durch Nachweise und Referenzen belegt werden?

03. Finden sich im Lebenslauf nicht nachvollziehbare Lücken?

04. Werden Lebenslauflücken wiederholt mit der Angabe von selbstständiger Tätigkeit geschlossen?

05. Gleichen sich die beigefügten Zeugnisse und Referenzen hinsichtlich Schriftart, Papier, Design, Wasserzeichen oder Strukturierung?

06. Finden sich in verschiedenen voneinander unabhängigen Unterlagen gleiche Rechtschreib- oder Grammatikfehler?

07. Finden sich in verschiedenen Unterlagen auffällig oft ähnliche oder gleiche Formulierungen?

08. Weisen Adressdaten von Unterlagen eine fünfstellige Postleitzahl auf, obwohl das Ausstellungsdatum der Urkunde vor dem 01.07.1993 liegt?

09. Wurden Zeugnisse, Referenzen o. Ä. an Samstagen, Sonntagen oder Feiertagen ausgestellt?

10. Ist das Firmenlogo der Unterlage zum Zeitpunkt der Ausstellung aktuell (gewesen)?

11. Steht der Name des Schulabgängers tatsächlich in der Jahrgangsliste der Schule?

12. Weichen Schriftart, Zeilenabstände oder Schriftgröße bei Namens- oder Geburtstagsangaben vom restlichen Text ab?

13. Stimmen Flexionsendungen im Text mit dem Geschlecht des Bewerbers überein?

14. Werden fehlende Unterlagen mit Insolvenzen des ehemaligen Arbeitgebers entschuldigt?

    (Ggf. nachprüfen, ob der Arbeitgeber wirklich insolvent ging, bzw. den wahren Kündigungsgrund ermitteln).

15. Prüfen Sie (in Zweifelsfällen) Referenzen telefonisch oder schriftlich nach.

16. Werden spezielle Personen als Referenzen genannt, wenden Sie sich nach Möglichkeit an deren Vorgesetzten, um Alibi-Komplotte zu vermeiden.

17. Lassen Sie sich beim Vorstellungsgespräch grundsätzlich sämtliche Originale mitbringen.

18. Prüfen Sie, ob die angegebenen Ausbildungs- und Karriereschritte hinsichtlich des Alters des Bewerbers und der Zeitabstände realistisch sind.

19. Lassen Sie sich im Zweifelsfall eine offizielle Einverständniserklärung zur Nachprüfung der Unterlagen mit strafrechtlichem Belehrungshinweis unterschreiben. Schwarze Schafe werden in den meisten Fällen dem nicht stattgeben und die Bewerbung zurückziehen.

20. Passen Arbeits- und Zeugnisbeurteilungen zum Gesamtbild des Bewerbungsschreibens?

    Bsp.: Abgleich Schreibstil, Ausdrucksweise und Rechtschreibung des Bewerbungsschreibens mit Arbeits- oder Schulzeugnissen.

21. Besteht der Verdacht, dass Lebenslauflücken mittels vermeintlicher Verluste von Unterlagen (Diebstahl, Einbruch, Brand, etc.) oder durch zweifelhafte Ich-AGs oder Auslandsaufenthalte geschlossen wurden?

22. Ist der Unterzeichnende mit Namen und Position ausgewiesen?

23. Sind Aufbau, Struktur bzw. die Abfassung von Arbeitszeugnissen und Referenzen atypisch?

24. Passen die Angaben des Lebenslaufes sowie der Referenzen und Arbeitszeugnisse zu den Ergebnissen der Internetrecherchen?

Bsp.: Selbstbeschreibungen des Bewerbers oder längere Auslandsaufenthalte ohne Berufsbezug (sog. Auszeiten) mit zeitgleichen angeblichen Arbeitsverhältnissen.

25. Gibt es Abweichungen zwischen der Chronologie des Werdegangs des Bewerbers und den Noten bzw. Bewertungen in Schul- bzw. Arbeitszeugnissen?

Bsp.: Unsteter Lebenslauf laut Chronologie in Kombination mit Top-Noten und -Bewertungen.

26. Passen die Qualifikationen, Noten und Bewertungen zu den bisher angegebenen Stellen?

Bsp.: Sehr gute Noten im Abiturzeugnis und Stelle als einfacher Bürokaufmann.

27. Enthält das Zeugnis nur Bestnoten, Formulierungen im Superlativ oder gar Formulierungen der Selbstbeweihräucherung?

28. Sind wichtige Teile der Unterlagen und Zeugnisse (Ausstelldatum, Ausstellort, Name der ausstellenden Stelle, etc.) „zufällig“ nicht lesbar?

29. Wurde bei älteren Arbeitszeugnissen, Urkunden und sonstigen Referenzen eine zu dieser Zeit unüblich gute Papier- oder Grafikqualität verwendet?

30. Passen Etikette, Habitus, Kleidungsstil und sprachliche Ausdrucksfähigkeit des Bewerbers zu den Angaben der Referenzen?

WILLST DU DEN CHARAKTER
EINES MENSCHEN ERKENNEN,
SO GIB IHM MACHT.

Abraham Lincoln

Die 10 wichtigsten Prüfpunkte zur Aussagekraft bei Bewerbungsunterlagen

01. Gehen aus allen Zeugnissen die Austrittsgründe klar hervor?

02. Gibt es zwischen den Austrittsgründen bei den verschiedenen Arbeitgebern Zusammenhänge?

03. Bestehen Widersprüche zu den Beurteilungen der fachlichen Qualifikation, wenn man die Arbeitszeugnisse mehrerer Arbeitgeber vergleicht?

04. Sind Branchenwahl, Tätigkeit und Position bei den einzelnen Arbeitgebern im Vergleich mit allen Arbeitszeugnissen untereinander stimmig oder deuten sie auf Identifikationsprobleme bei der Berufswahl oder auf Wankelmütigkeit o.Ä. hin?

PROMOTION
DIPLOM

05. Spricht die Beendigungsformel für ein einvernehmliches Ausscheiden aus dem Unternehmen?

06. Ist das Zeugnis um Objektivität bemüht oder enthält es nur Bestnoten und Formulierungen im Superlativ?

07. Gehen die Aussagen zum Mitarbeiter- und Leistungsverhalten konkret aus dem Arbeitszeugnis hervor?

08. Sind im Arbeitszeugnis negative Passagen vorhanden, die Kriterien für ein hohes Integritätsrisiko beinhalten?

09. Bestehen zwischen den Arbeitszeugnissen verschiedener Arbeitgeber Übereinstimmungen oder Ähnlichkeiten hinsichtlich negativer Verhaltensbeurteilung (Codierungen)?

10. Deuten die Zertifikate für Fortbildungen auf eine klare Linie bei der beruflichen Fortbildung hin?

Bewerbungsbetrüger über das Internet ermitteln

Das Internet bietet hervorragende Möglichkeiten für Vorermittlungen. Es sei ausdrücklich betont, dass es hierbei nicht darum geht, Bewerbern von vornherein zu misstrauen, sondern lediglich darum, eine Grundlage zu schaffen, schwarze von weißen Schafen zu unterscheiden.

Sehr wichtig ist in diesem Zusammenhang selbstverständlich, die rechtlichen Rahmenbedingungen zu beachten. Hierzu finden Sie aber im weiteren Verlauf des Buches noch gesonderte Hinweise.

Die meisten Menschen im erwerbsfähigen Alter hinterlassen im Internet digitale Spuren. Man spricht in diesem Zusammenhang auch von digitalen Fußabdrücken. Das können zum Beispiel Foreneinträge, Forenbeiträge, Äußerungen und Selbstdarstellungen in Social Networks, Zeitungsartikel oder auch Zugehörigkeiten zu Vereinen oder Clubs sein.

Recherchen im Internet können einen wertvollen Beitrag dazu leisten, die Angaben des Bewerbers in seinen Bewerbungsunterlagen zu verifizieren oder falsche Angaben aufzudecken. Sie können beispielsweise über das Internet ermitteln, welche Schule oder Hochschule der Bewerber besucht hat und ob längere Auslandsaufenthalte glaubhaft sind.

Hierzu möchte ich Ihnen einen Fall aus der Praxis schildern, bei dem der Bewerbungsbetrüger sehr schnell aufflog, und zwar noch vor dem Einstellungsgespräch.

Der Bewerber hatte das Gymnasium im letzten Schuljahr abgebrochen und dann verschiedenste Tätigkeiten ausgeführt. Er war dann längere Zeit arbeitslos und tarnte diese Zeit mit einem angeblichen Sprachaufenthalt in den USA. Dieser Betrüger war offenbar von Haus aus ziemlich gut in der englischen Sprache, da sich aus einem Social-Network-Eintrag ergab, dass er als Hobby englischsprachige Literatur las und zudem ein großer Fan von Edgar Allan Poe war.

Daher wäre es für ihn wohl kein Problem gewesen, bezüglich der bei ihm vorhandenen Sprachkenntnisse den Sprachaufenthalt in den USA glaubhaft machen. Gleichzeitig war er aber auch ein großer Fan einer bekannten deutschen Automarke und mit seinem Klarnamen (der Klarname bezeichnet den echten Namen eines Menschen und ist das Gegenteil einer Tarnidentität bzw. eines Spitznamens) in einem einschlägigen Autoforum angemeldet.

Dort verabredeten sich einzelne User regelmäßig zu einem Stammtisch, der grob alle zwei bis vier Wochen stattfand. Das Problem dabei: Der Bewerber befand sich zu jener Zeit ja angeblich in den USA. Da anzunehmen ist, dass er wohl kaum aus den USA regelmäßig nach Deutschland zu seinem Autostammtisch flog, liegt es auf der Hand, dass sein Sprachaufenthalt fingiert war. Die Forenbeiträge waren mit Datum hinterlegt (das ist bei Forenbeiträgen meistens der Fall) und daher war alles gut nachzuvollziehen.

Es war hierzu übrigens nicht erforderlich, aufwändig zu recherchieren. Eine einfache Google-Suche genügte, um in wenigen Minuten diese Diskrepanz ans Tageslicht zu bringen.

In den Bewerberunterlagen befand sich zudem ein Abiturzeugnis. Eine Internetrecherche ergab, dass der Bewerber weder auf dem Abschlussfoto seiner Schule noch in der dazugehörigen Namensliste auftauchte. Eine daraufhin durchgeführte Telefonrecherche bei der zuständigen Schule bzw. beim zuständigen Schulamt erbrachte, dass er die Schule abgebrochen und keinen Abiturabschluss in der Tasche hatte.

Im Anschluss daran wurden seine Bewerbungsunterlagen näher untersucht und es stellte sich heraus, dass er mehrere Urkunden gefälscht hatte, weswegen er entsprechend strafrechtlich angezeigt und letztlich auch verurteilt wurde.

Die Internetrecherche dauerte bis zum Zeitpunkt eines Anfangsverdachts nur wenige Minuten. Die genauere Prüfung nahm freilich deutlich mehr Zeit in Anspruch, aber zu diesem Zeitpunkt war bereits klar, dass der Bewerber erst gar nicht zum Bewerberinterview eingeladen werden würde.

Dies ist nur eines von unzähligen Beispielen, in denen sich eine gründliche Internetrecherche über den Bewerber bezahlt gemacht hat.

Oftmals sind Internetnutzer in diversen Foren und Netzwerken mit einem bestimmten Spitz- bzw. Fantasienamen registriert. Viele dieser Tarnnamen-Nutzer sind jedoch immer mit dem gleichen Namen in diesen Netzwerken und Foren registriert, meist aus Gründen der Bequemlichkeit. Nachdem Sie einmal ermittelt haben, welchen Namen ein Bewerber verwendet, können Sie weitere Recherchen anhand dieses Fantasienamens anstellen.

Als Suchmaschinen sind vor allem die drei Marktführer zu empfehlen: Google, Yahoo und MSN. Es sind viele andere Suchmaschinen und Foren durch Kooperationsverträge an einen dieser drei großen Suchmaschinenanbieter gebunden. Demzufolge laufen diese Suchmaschinen letztendlich über die Suchmaschinen der drei großen Anbieter. Zum anderen würde das Verwenden weiterer Suchmaschinen die Zeit-Nutzen-Relation in den meisten Fällen ins Negative verschieben. Man kann im Regelfall davon ausgehen, durch die kombinierte Anwendung dieser drei Suchmaschinen die wesentlichen im World Wide Web vorhandenen und öffentlich einsehbaren Informationen ermitteln zu können.

Eine gute Möglichkeit der Recherche bietet auch die E-Mail-Adresse des Bewerbers. Manchmal ergeben sich durch die Recherchen weitere E-Mail-Adressen. Durch das Eingeben der E-Mail-Adresse in die Suchmaschinen kommen sämtliche Seiten zum Vorschein, auf denen diese auftaucht. Das kann sehr informativ und interessant sein.

Man kann aus Lebensgewohnheiten und Hobbys viele Rückschlüsse auf den Charakter und die Persönlichkeit des Bewerbers ziehen. Ein Briefmarken- und Münzsammler hat sicherlich eine andere Persönlichkeit und andere Charakterattribute als ein Extremsportler. Brauchen Sie für Ihre zu besetzende Stelle eine Person, die über ein gewisses Maß an Risikofreude und Tatendrang verfügt oder eher einen unauffälligen, akkuraten Arbeiter im Hintergrund?

Google Maps und Google-Earth bieten sogar die Möglichkeit, sich das genaue Wohnhaus eines Menschen anzusehen und in 3-D-Ansicht sogar vor dem Haus parkende Autos oder im Garten liegenden Unrat zu erkennen. Allerdings funktioniert dies meist nur bei Adressen in größeren Städten. Der gläserne Mensch Ist allgegenwärtig. Das Internet bietet wirklich zahlreiche Möglichkeiten und man könnte über das Thema der Internetrecherche sicher ein eigenes Buch schreiben.

Ich möchte das Thema der Internetrecherche mit Ratschlägen zum Anlegen eines Tarnprofils abschließen. Ich empfehle dringend, sich eine feste Systematik bei der Internetrecherche über Bewerber anzueignen. Am besten erstellen Sie dabei eine Datenblattvorlage, in der Sie bei jedem Bewerber dieselben Informationen notieren.

Dies hat mehrere Vorteile. Ein großer Nutzen ist hierbei, dass Sie die Bewerber untereinander besser vergleichen können. Weiter können Sie für verschiedene Stellen unterschiedliche Datenblattvorlagen verwenden. Wenn ein Bewerber beispielsweise im Internet angetrunken auf Partybildern auftaucht (zum Beispiel bei der Namensrecherche der Google-Bilder-Suche), dann spielt sicherlich eine Rolle, ob Sie einen Animateur für Ihr Hotel auf einer Ferieninsel suchen oder einen Mitarbeiter in einem sensiblen Geschäftsbereich. Ferner ist die Zeit-Nutzen-Relation ein entscheidender Faktor. Wenn Sie eine feste Systematik haben, dann werden Sie nach kurzer Zeit so versiert sein, dass Sie gewünschte Ergebnisse mit minimalem Zeitaufwand erzielen.

Ich rate dazu, sich nach der Festlegung eines festen Schemas anwaltlich beraten zu lassen. Schildern Sie Ihrem Anwalt Ihre geplante Vorgehensweise und fragen Sie ihn, ob er rechtliche Bedenken sieht. Die Beratungsgebühr ist im Sinne Ihrer Rechtssicherheit gut investiert. Da mittlerweile mit Anwälten auch pauschale Beratungshonorare vereinbart werden können, kann eine solche Beratung meist mit geringem finanziellem Aufwand in Anspruch genommen werden.

Ganz besonders möchte ich Ihnen anwaltliche Beratung ans Herz legen, wenn Sie mit Tarnprofilen bei Ihren Recherchen arbeiten. Die Arbeit mit Tarnprofilen wiederum kann ich sehr empfehlen, da sie äußerst effektiv ist. Aber auch hier gilt: Legen Sie sich zuerst die von Ihnen gewünschte und benötigte, genaue Vorgehensweise zurecht, um erst im Anschluss daran eine anwaltliche Beratung in Anspruch zu nehmen. So stellen Sie sicher, dass bei der Beratung alle für Sie wesentlichen Punkte besprochen werden.

Zunächst einmal sollte selbstverständlich sein, dass Sie bei Ihrem Tarnprofil auch einen Tarnnamen verwenden. Hierbei sollte es sich um eine oft vorkommende Namenskombination, wie zum Beispiel „Helmut Meyer", handeln. Zum einen ist so ein Name gerade aufgrund seiner Häufigkeit durchaus glaubhaft, zum anderen müssen Sie immer auch mit einer Gegenrecherche rechnen und diese wird bei sehr häufig vorkommenden Namen extrem erschwert. Andererseits ist es natürlich ein Problem, wenn Sie selbst nach einem solchen Namen suchen müssen. Hier helfen nur viele Sucheinschränkungen in den Suchmaschinen und die Anwendung des Ausschlussprinzips.

Für Ihren Tarnnamen muss unbedingt eine entsprechende E-Mail-Adresse eingerichtet werden. Hierbei ist zu beachten, für welches Netzwerk bzw. für welche Art der Recherche Sie Ihren Tarnnamen und Ihre Tarn-E-Mail-Adresse verwenden möchten. Junge Menschen verwenden meist andere Namenswahlen bei Nicknames und E-Mail-Adressen als Menschen im mittleren oder gehobenen Alter. Auch spielt das Milieu, in dem Sie sich mit Ihrem Tarnnamen bewegen, eine Rolle. Studenten, Schüler, Handwerker oder Manager, um nur einige wenige zu nennen, benutzen einen jeweils eigenen Jargon und verwenden daher entsprechende Termini. Deshalb gilt, sich immer entsprechend anzupassen und das eigene Tarnprofil damit abzustimmen.

Ein weiterer wichtiger Schritt ist das Anlegen einer Legende. Darunter versteht man eine erfundene Vita einer Person. Die Legende sollte glaubhaft strukturiert sein. Es ist in Foren und Netzwerken üblich, dass man erst einmal eine gewisse Zeit dabei sein muss, bis man von der Gemeinschaft akzeptiert wird. Sehr vorteilhaft ist es dabei, nach und nach zu versuchen, virtuelle Freunde zu finden und sich mit ihnen entsprechend auszutauschen. Man muss in solchen Netzwerken und Foren immer damit rechnen, dass sich andere über einen selbst bei anderen Forenteilnehmern erkundigen. Je länger man dabei ist und je mehr Beiträge man selbst verfasst hat, desto glaubwürdiger ist man.

Natürlich ist es nicht erforderlich, für jeden einzelnen Bewerber einen derart hohen Aufwand zu betreiben. Ganz im Gegenteil: Je nach Art Ihres Unternehmens und nach Art der benötigten Mitarbeiter genügt es, wenn Sie sich in einigen wenigen einschlägigen Foren und Netzwerken anmelden.

Bleiben Sie bei den Schilderungen zu Ihrer Person soweit bei der Wahrheit wie möglich, ohne dabei Ihre Tarnidentität zu gefährden. In diesem Zusammenhang wäre es sinnvoll, sich mit meiner Buchreihe „Kriminalistische Befragungstaktiken für die Wirtschaft“ zu beschäftigen. Denn wenn Sie selbst alle Tricks und Kniffe bei der Lügenerkennung beherrschen, begehen Sie auch im Umkehrschluss bei Ihrer Tarnidentität keine

Fehler. Gegebenenfalls ist es nützlich, für verschiedene Netzwerke und Foren unterschiedliche Tarnprofile mit unterschiedlichen Namen und E-Mail-Adressen anzulegen.

Lassen Sie Ihr Tarnprofil auf dem entsprechenden Netzwerk einfach das ganze Jahr über angemeldet und schreiben Sie von Zeit zu Zeit einen Beitrag. So ist die ganze Sache nur mit wenig Aufwand verbunden, abgesehen vom Einmalaufwand des Anlegens von Profil, Vita und E-Mail-Adresse. Je länger Ihre Tarnidentität in einem Netzwerk oder Forum besteht, desto mehr Vertrauen wird Ihnen entgegengebracht werden.

Ideal wäre natürlich, auch ein Profilfoto auf Ihrem Tarnprofil einzustellen, bestenfalls sogar mehrere Fotos, welche Sie bei Freizeitaktivitäten zeigen und Ihre Glaubwürdigkeit dadurch nochmals massiv erhöhen. Hierbei entstehen allerdings erhebliche rechtliche Schwierigkeiten, wenn Sie fremde Fotos ohne entsprechende Erlaubnis für diesen Zweck verwenden. Der Weg über den Erwerb eines Fotos bei einer Bildagentur kann nur eine Notlösung sein, denn dadurch besteht die Gefahr, dass Ihre Tarnung auffliegt. Zudem erlauben nicht alle Bildagenturen die Benutzung des gekauften Fotos ohne die Verwendung eines Copyrights.

Die beste Lösung wäre daher, einen Freund oder vertrauenswürdigen Bekannten, der selbst nicht im Internet präsent ist, zu bitten, freiwillig Fotos für Ihre Tarnidentität zur Verfügung zu stellen. Eine andere Möglichkeit wäre die Verwendung eigener Fotos, auf denen Sie nicht zu erkennen sind. Dies könnte beispielsweise ein Jugendfoto sein, auf dem Sie ganz anders aussehen als heute. Wenn Sie es nicht gerade mit einem kriminalistischen Experten zu tun haben, der anhand von Gesichtsindikatoren Ihre Person den verwendeten Fotos zuordnen kann, dann ist diese Möglichkeit Erfolg versprechend. Selbstverständlich dürfen diese Fotos nie zuvor im Internet verwendet worden sein.

Des Weiteren achten Sie bitte darauf, nicht mit Ihrer Tarnidentität von einem statischen Netzwork aus zu arbeiten. Bei der Verwendung von mehreren unterschiedlichen Tarnnamen sollten Sie zuvor jedes Mal die Internetverbindung neu herstellen, damit Sie eine neue IP-Adresse erhalten. Viele Netzwerke und Foren erkennen anhand von identischen IP-Adressen Doppelanmeldungen. Außerdem sollten Sie auch Ihren

Schreibstil dem Tarnprofil entsprechend modifizieren. Achten Sie bei der Informationsermittlung außerdem darauf, ob die zu ermittelnden Angaben verifizierbar und glaubwürdig sind.

Fragetechniken zur Integritätsprüfung

In diesem Kapitel möchte ich meinen Lesern einen Einblick in die Integritätsbefragung verschaffen. Herkömmliche Einstellungsgespräche befassen sich in der Regel kaum oder gar nicht mit der Integritätsprüfung des Bewerbers. Dies ist jedoch meines Erachtens nach ein großer Fehler, da die Integritätsprüfung einen gleichrangigen Stellenwert einnehmen sollte wie der Abgleich zwischen Bewerberprofil und Stellenanforderung.

Um dafür zu sorgen, dass im Einstellungsgespräch nicht nur fachlich, sondern auch charakterlich unpassende Bewerber aussortiert werden können, bedarf es einer Integritätsprüfung durch eine spezielle Fragestellung.

Hierbei ist nach dem Marco-Löw-Befragungssystem zwischen indirekten und direkten Integritätsfragen zu unterscheiden.

Indirekte Integritätsfragen beschäftigen sich mit den Charaktereigenschaften eines Bewerbers. Bei den direkten Integritätsfragen wird der Bewerber konkret mit sicherheitsrelevanten Anti-Fraud-Fragestellungen konfrontiert. Aus der Beantwortung derselben können entsprechende Rückschlüsse gezogen werden.

Um die Thematik nicht zu theoretisch zu halten, sondern die praktische Anwendbarkeit in den Vordergrund zu stellen, habe ich hundert beispielhafte Integritätsfragen in dieses Kapitel integriert. Dadurch ermögliche ich dem Leser eine schnelle Interviewvorbereitung durch eine 1:1-Übernahme und biete gleichzeitig eine anschauliche Darstellung bezüglich der Intention dieser Art der Fragestellung. Dadurch sollte es auch nicht schwerfallen, individuelle Integritätsfragen zu entwickeln.

Für die Konzeption von Integritätsfragen kommt es allein auf das theoretische Verständnis der Intention und Funktionsweise dieser Frageart an.

Sie werden feststellen, dass Ihnen einige oder sogar viele der nachfolgenden einzelnen Fragebeispiele durchaus bekannt vorkommen werden. Es geht aber beim System der Integritätsbefragung nicht um einzelne Fragen als solche, sondern um das Gesamtkonzept.

MIT DEM WISSEN WÄCHST DER ZWEIFEL.

Johann Wolfgang von Goethe

Indirekte Integritätsfragen

1. Bewerbungsmotivationsfragen

2. Fragen zur Selbsteinschätzung

3. Fragen zur Fremdeinschätzung

4. Fragen zur persönlichen Empathie

5. Fragen zum Standpunkt der Familie hinsichtlich der Bewerbung

6. Fragen zum Umgang mit Kritik und zur Konfliktfähigkeit

7. Beurteilungsfragen des Bewerbers über den bisherigen Arbeitgeber

8. Beurteilungsfragen des Bewerbers über die bisherigen Vorgesetzten

9. Fragen bezüglich der Kündigungs-/ Stellenwechselmotivation

10. Fragen zur Berufswahl

11. Fragen zur gerechten Beurteilung des Bewerbers durch bisherige Vorgesetzte

12. Fragen zur Priorität zwischen beruflicher Zufriedenheit und Karriere

13. Fragen zur persönlichen Lügenmoral

14. Fragen zu persönlichen Werten im Berufsleben

15. Fragen zur Definition der Begriffe Erfolg und Anerkennung

16. Fragen zur persönlichen beruflichen Zukunft (z.B. Wo sehen Sie sich in 2, 3, 5 und 10 Jahren?)

17. Fragen zu bisherigen Erfolgen und damit verbundener Zufriedenheit

18. Fragen zu persönlichen Schwächen

19. Fragen zur Integrationsfähigkeit

20. Fragen zur persönlichen Sorgfalt

21. Fragen zur persönlichen Belastbarkeit

22. Fragen zur Führungsbefähigung

23. Fragen zur Problemlösungsfähigkeit

24. Fragen zu den Möglichkeiten der Verhinderung und Aufdeckung von dolosen Handlungen nach Meinung des Bewerbers

Direkte Integritätsfragen

1. Fragen zum persönlichen Stellenwert von Unternehmensethik/-kodex

2. Fragen zum Umgang mit Aufforderungen durch Vorgesetzte hinsichtlich illegaler Praktiken

3. Fragen zum Umgang mit Informationen über persönlich bekanntgewordene dolose Handlungen

4. Fragen zur Bestrafung des Täters von dolosen Handlungen

5. Fragen zur Meinung des Bewerbers über Whistleblowing

6. Fragen zur Meinung des Bewerbers über die Einrichtung einer Whistleblowing-Stelle

7. Fragen zu Lücken im Lebenslauf

8. Fragen zur Plausibilität der vorgelegten Bewerbungsunterlagen

9. Fragen zum schriftlichen Einverständnis der Nachprüfung von Bewerbungsunterlagen

10. Fragen zu Verhaltensweisen und Einstellungen bei der Abwägung zwischen geschäftlichen Erfolgen und der Vermeidung unlauterer Praktiken (z.B. Schmiergeldzahlung wird für Vertragsabschluss vom Geschäftspartner erwartet)

DAS ARGUMENT GLEICHT DEM SCHUSS EINER ARMBRUST – ES IST GLEICHERMASSEN WIRKSAM, OB EIN RIESE ODER EIN ZWERG GESCHOSSEN HAT.

Francis Bacon

100 Fragebeispiele für indirekte und direkte Integritätsfragen (Eingangsfragen)

(Die Mehrzahl der Fragen zu einem Themengebiet sollte so gestellt werden, dass eine Ja/Nein-Antwort nicht möglich ist)

1. Moralische und ethische Überprüfung

- Welche beruflichen und privaten Stationen waren für Sie die wichtigsten?
- Inwiefern haben Ihre wichtigsten beruflichen und privaten Stationen Sie geprägt?
- Was kann ich aus dem, was Sie mir erzählt haben, lernen?
- Was ist wichtig für jemanden, der eine gute Führungskraft sein möchte?
- Was bedeutet Erfolg für Sie?
- Wo liegen die persönlichen Grenzen Ihrer Einsatzbereitschaft/Flexibilität?
- Worauf legen Sie im Berufsalltag besonderen Wert?

- Befolgen Sie grundsätzlich Anweisungen von Vorgesetzten oder hinterfragen Sie sie?
- Wie wichtig ist es für Sie, Berufliches und Privates zu trennen?
- Wären Sie bereit, für Ihre Karriere längerfristig auf Urlaub zu verzichten?
- Inwiefern wären Sie bereit, Ihre Familie für Ihren Beruf zurückzustellen?
- Was tun Sie, wenn der Erzielung optimaler Geschäftserfolge moralische Bedenken entgegenstehen?
- Welche Charaktereigenschaften hassen Sie bei Mitarbeitern/Kollegen am meisten?
- Welche Charaktereigenschaften schätzen Sie an Kollegen?
- Wenn Sie an meiner Stelle wären, worauf würden Sie bei der Befragung Wert legen?
- Immer mehr Unternehmen führen einen Unternehmenskodex ein. Was halten Sie davon?

2. Eigen- und Fremdwahrnehmungsüberprüfung

- Was können Sie mir über Ihr Leistungsvermögen sagen?
- Wie schätzen Sie Ihr Leistungsvermögen im Vergleich zu anderen ein?
- Welche Einschätzung würden diesbezüglich Ihre bisherigen Kollegen treffen?
- Welche Einschätzung würde Ihr Vorgesetzter vornehmen?
- Wie charakterisieren Sie sich selbst?
- Beurteilen Sie die Wichtigkeit Ihrer bisherigen Position.
- Welche sind Ihre persönlichen Fehler?
- Gibt es berufliche Eigenschaften, die Sie einzigartig machen?
- Welche beruflichen Fehler haben Sie in der Vergangenheit gemacht?
- Was würden Sie heute anders machen und warum?

3. Autoritätsverhaltensüberprüfung

- Hatten Sie schon einmal Konflikte mit Vorgesetzten?
- Was waren die Gründe für den Konflikt?
- Welche Fehler machten diesbezüglich Ihre Vorgesetzten?
- Haben auch Sie hierbei Fehler begangen?
- Welche Fehler waren das?
- Wie würden Ihre Mitarbeiter Ihren Führungsstil beurteilen?
- Was war ausschlaggebend für Ihre Kündigung?
- Wie sind Ihre Erinnerungen an Ihren letzten Vorgesetzten?

4. Integritätsprüfung mit Hilfe von Täuschungsmerkmalen

- Erläutern Sie bitte einmal ausführlich die Motivation für Ihre Berufswahl.

- Was sind die Gründe dafür, dass Sie sich speziell bei uns beworben haben?
- Was finden Sie bei unserem Unternehmen besser als bei anderen?
- Warum haben Sie so häufig den Arbeitgeber gewechselt?
- Was würde mir Ihr Vorgesetzter sagen, wenn ich ihn jetzt anrufen würde?
- Inwiefern glauben Sie, sich bei uns verwirklichen zu können?
- Welche Vorteile sehen Sie in Ihrem Beruf?
- Welche Vorteile sehen Sie in unserem Unternehmen für Sie persönlich?
- Welche Vorteile sehen Sie für unser Unternehmen durch Ihre Mitarbeit?
- Ist es möglich, dass Sie irgendetwas Wichtiges vergessen haben, in Ihrem Bewerbungsschreiben zu erwähnen?
- Kann es sein, dass sich … widersprüchlich zu … verhält?
- Sind Sie gerade besonders angespannt?

- Wie sind Sie vorgegangen, um solch gute Abschlussnoten zu erzielen?
- Kann man behaupten, dass es Ihnen leicht fällt, Wissen lange im Gedächtnis zu behalten? (Falls positiv beantwortet, lässt sich darauf sehr gut taktisch aufbauen)
- Erklären Sie mir doch mal bitte …(Fachfragen).

5. Konfliktfähigkeitsüberprüfung

- Wie ist Ihr Umgang mit Konflikten?
- Wie lösen Sie Teamkonflikte?
- In welche Konflikte waren Sie in der Vergangenheit involviert?
- Wie reagieren Sie, wenn Sie von einem Kollegen kritisiert werden?
- Wie reagieren Sie, wenn Sie von einem Ihrer Mitarbeiter kritisiert werden?
- Wie reagieren Sie, wenn Sie von Ihrem (nächsten) Vorgesetzen kritisiert werden?

- Was glauben Sie, wie Ihre Konfliktfähigkeit von anderen gesehen wird?
- Können Meinungsverschiedenheiten und Konflikte auch positiv sein?

6. <u>Teamfähigkeitsüberprüfung</u>

- Was halten Sie von Teamarbeit?
- Arbeiten Sie lieber im Team oder eigenständig?
- Mit welcher Art von Menschen kommen Sie besonders gut aus?
- Wie sind Ihre bisherigen Erfahrungen mit Teamarbeit?
- Wie setzen Sie die Prioritäten zwischen Arbeitsqualität und -quantität?
- Wie sollten Arbeitsquantität und -qualität im Team verteilt sein?
- Mit welcher Art von Kollegen arbeiten Sie gerne zusammen?
- Mit welcher Art von Kollegen arbeiten Sie ungern zusammen?

- Übernehmen Sie gerne die Verantwortung für ein Projekt?
- Wie gehen Sie vor um ein Projekt zu verwirklichen?
- Wann ist Teamarbeit Ihrer Meinung nach nachteilig?
- Wie integrieren Sie einen Einzelgänger in ihr Team?

7. <u>Überprüfung der Arbeitsmoral</u>

- Wie zufrieden waren Sie mit Ihren bisherigen Vorgesetzten?
- Wie zufrieden waren Sie mit Ihren bisherigen Arbeitgebern?
- Was tun Sie, um sich zu motivieren?
- Wie stellen Sie sicher, dass Ihre Arbeiten fehlerfrei sind?
- Wie kontrollieren Sie Ihre Mitarbeiter?
- Wie schaffen Sie es, Projektziele pünktlich zu erreichen?

- Inwieweit sehen Sie sich persönlich für Arbeitsergebnisse verantwortlich?

8. <u>Überprüfung von möglichen Identifikationsproblemen</u>

- Gibt es etwas, was Sie an Ihrem Beruf lieben?
- Was gefällt Ihnen besonders bei Ihrem bisherigen Arbeitgeber?
- Was gefällt Ihnen besonders in unserem Unternehmen?
- Gibt es etwas, das Ihnen an Ihrem bisherigen Arbeitsplatz gut gefällt?
- Gibt es etwas, das Ihnen an Ihrem bisherigen Arbeitsplatz nicht gefällt?
- Was hat Ihnen an Ihren bisherigen Vorgesetzten gut gefallen?
- Was hat Ihnen an Ihren bisherigen Vorgesetzten weniger gut gefallen?
- Wie stellen Sie sich einen schönen Arbeitsplatz vor?

- Inwieweit fanden Sie Ihre bisherigen Arbeitsaufgaben angemessen?
- Inwieweit finden Sie unsere Aufgabenstellung Ihren Fähigkeiten angemessen?

9. Integritätsüberprüfung durch direkte Integritätsfragen

- Was verstehen Sie unter Unternehmensethik?
- Inwiefern ist Unternehmensethik für Sie wichtig?
- Welche Werte sollte ein Unternehmenskodex beinhalten?
- Wie sollten sich Mitarbeiter verhalten, die von Vorgesetzten zu illegalen Praktiken aufgefordert werden?
- Wie sollten Mitarbeiter reagieren, wenn sie mitbekommen, dass andere Mitarbeiter von ihren Vorgesetzten zu illegalen Praktiken aufgefordert werden?
- Wie sollten Mitarbeiter reagieren, wenn ihnen dolose Handlungen bekannt werden?

- Wie sollten Vorgesetzte reagieren, wenn ihnen dolose Handlungen bekannt werden?
- Wie sollten Mitarbeiter bestraft werden, die dolose Handlungen begangen haben?
- Sollten Mitarbeiter nach begangenen dolosen Handlungen eine zweite Chance bekommen?
- Was halten Sie von der Einrichtung von Whistleblowing-Stellen?
- Wie lautet Ihre generelle Meinung zu Whistleblowing?
- Der Zeitraum … Ihres Lebenslaufes ist für mich nicht ganz plausibel. Können Sie mir erklären, was mit …. genau gemeint ist?
- Sie gaben an ab … in … studiert zu haben. Zu diesem Zeitpunkt hatte das (Sommer-/Winter-)Semester ja noch gar nicht begonnen. Können Sie das erklären?
- Wir unterziehen grundsätzlich alle Bewerbungsunterlagen vor Einstellung des Bewerbers einer genauen Nachprüfung. Hierzu brauchen wir aber Ihr Einverständnis. Sind Sie damit einverstanden?

WILLST DU DICH AM GANZEN ERQUICKEN, SO MUSST DU DAS GANZE IM KLEINSTEN ERBLICKEN.

Johann Wolfgang von Goethe

Die 25 Fragegrundsätze für das Bewerberinterview

1. Stellen Sie keine Doppelfragen!

Beispiel:

„Welche Fehler begingen Sie damals und was würden Sie heute anders machen?"

Gefahr:

- Die einzelnen Fragen werden nicht hinreichend beantwortet.
- Der Befragte kann sich bei einer unangenehmen Frage auf die zweite Frage fokussieren und diese ausführlich beantworten.
- Der Befragte erfasst nur eine der beiden Fragen richtig.
- Der Befragte kann in der Fragebeantwortung taktieren.
- Der Befragte gewinnt für die Beantwortung der unangenehmen Frage Zeit.

2. **80 bis 90 % der Redezeit spricht der Befragte!**

Vorteile:

- Der Befragte hat nicht viel Zeit zum Nachdenken und muss spontan antworten.
- Durch die knappe Nachdenkzeit lassen sich Lügen nicht vollständig durchdenken.
- Das Antwort-Zeit-Verhalten lässt sich gut beobachten.
- Der Interviewer hat ausreichend Zeit zur Beobachtung der Körpersprache.
- Der Interviewer kann ausführlich auf Warnindikatoren achten.
- Der Interviewer kann ausführlich auf Glaubwürdigkeitsindikatoren achten.
- Der Befragte kann sich aufgrund seines Erzählflusses nicht alle gemachten Angaben merken.
- Wiederholungsfragen können gezielt eingesetzt werden.

- Nebensächlichkeitsfragen können gezielt eingesetzt werden.
- Der Interviewer profitiert von einem enormen Informationsgewinn.
- Der Interviewer kann sein eigenes Wissen mit den Angaben des Befragten in Ruhe unauffällig abgleichen.

3. <u>Fragen Sie den Bewerber immer vom Allgemeinen zum Besonderen!</u>

Beispiel:

Frage: Welche Fremdsprachen beherrschen Sie?

Antwort: Englisch, Spanisch und Französisch!

Frage: Wie gut beherrschen Sie diese Fremdsprachen?

Antwort: Englisch und Französisch fließend. In Spanisch habe ich solide Grundkenntnisse.

Frage: Können Sie auf Englisch und Französisch Verhandlungen führen?

Frage: Was verstehen Sie unter soliden Grundkenntnissen?

4. Sind die Antworten unklar, nicht konkret oder unplausibel, dann sollten Sie nachsetzen!

Vorteile:

- Durch Nachsetzfragen wird die Aussagesubstanz geprüft.
- Durch Nachsetzfragen wird die Aussageglaubwürdigkeit geprüft.
- Die Aussage kann im Gesamtkontext besser nachvollzogen werden.
- Der Sachverhalt wird umfangreich geklärt.

5. Stellen Sie grundsätzlich keine Standardfragen!

Viele Bewerber bereiten sich heutzutage mit Bewerbungsratgebern auf das Gespräch vor.

Beispielsweise werden Antworten auf die Frage nach den drei größten Stärken und den drei größten Schwächen des Bewerbers vorbereitet und einstudiert.

Warum Sie keine Standardfragen verwenden sollten:

- Die Glaubwürdigkeit kann bei einem gut vorbereiteten Bewerber mit Standardfragen (SF) nicht fundiert eingeschätzt werden.
- Durch die Vermeidung von Standardfragen ist der Bewerber gezwungen, spontan zu antworten und kann sich dadurch keine Antworten zurechtlegen.
- Durch die Vermeidung von Standardfragen kann der Bewerber bei richtiger Interviewführung keine glaubhaften Lügenkonstrukte aufbauen.

- Die Flexibilität und Anpassungsfähigkeit des Bewerbers kann bei der Vermeidung von Standardfragen mitüberprüft werden.

6. <u>Verwenden Sie prinzipiell einen Interviewleitfaden!</u>

Vorteile:

- Der Interviewer präsentiert sich professionell und souverän.
- Es werden keine wichtigen Fragen vergessen.
- Die individuellen Fragenprioritäten können bestmöglich berücksichtigt werden.
- Der Interviewer vermeidet unbeabsichtigte Gesprächspausen.
- Durch eine schnelle Fragenabfolge kann die Glaubwürdigkeit verifiziert werden.
- Der Interviewer gewinnt wertvolle Zeit für die Beobachtung der Körpersprache des Bewerbers.

7. Stellen Sie keine hypothetischen Fragen!

Nachteile von hypothetischen Fragen:

- Die Glaubwürdigkeit der Aussage ist nicht nachprüfbar.
- Das Anforderungsprofil an den Bewerber kann schwerlich überprüft werden.
- Hypothetische Fragen erlauben einen breiten Antwortspielraum.
- Es ist einfach, hypothetische Fragen vorteilhaft zu beantworten.
- Hypothetische Fragen erlauben dem Bewerber, reihenweise Gegenfragen zu stellen, um die Frage beantworten zu können. Folge: Der Bewerber übernimmt die Gesprächsführung, das Gespräch gleitet ab.

PROMOTIONSURKUNDE
Herr....................
Bla...bla...bla
DOKTOR DER RECHTE
bla...bla
„summa cum laude“
INFORMATIK-Diplom
ZEUGNIS
für
DIPLOM-PRÜFUNG
Herr....................
1
1

8. **<u>Stellen Sie Ihre Fragen immer eindeutig!</u>**

Vorteile:

- Es kommt zu keinen Missverständnissen.
- Die Fragestellung erlaubt keinen Interpretationsspielraum.
- Es gibt keine Ansatzpunkte für den Bewerber, Gegenfragen zu stellen.
- Sachverhalte werden eindeutig geklärt.

9. **<u>Verwenden Sie in jedem Bewerberinterview mehrere selbstreflektorische Fragen!</u>**

Vorteile:

- Selbstreflektorische Fragen (SR-Fragen) öffnen die Persönlichkeit des Bewerbers.
- Viele Themengebiete können durch selbstreflektorische Fragen vertieft und überprüft werden.

10. Stellen Sie Nachsetzfragen solange, bis der Sachverhalt absolut klar ist!

Unterschied zu Punkt vier:

Bei Punkt 10 wird davon ausgegangen, dass der Sachverhalt einigermaßen klar ist. Hingegen wird bei Punkt 4 davon ausgegangen, dass die Antworten nicht plausibel oder unklar sind.

Vorteile:

- Der Sachverhalt wird umfassend geklärt.
- Nachsetzfragen sind zur Glaubwürdigkeitsüberprüfung sehr geeignet.
- Durch Nachsetzfragen wird die Aussagesubstanz geprüft.
- Die Aussage kann im Gesamtkontext besser nachvollzogen werden.
- Nachsetzfragen sind ein optimales Mittel zur Gesprächsführungsdominanz.
- Gegenfragemöglichkeiten werden verhindert.

11. Seien Sie auf vorhersehbare Fragen des Bewerbers gut vorbereitet!

Vorteile:

- Der Interviewer macht einen professionellen Eindruck.
- Das Unternehmen präsentiert sich professionell.
- Durch eigene ausführliche Antworten kann der Interviewer auch vom Bewerber besser ausführliche Antworten einfordern.
- Der Interviewer bleibt Herr des Gespräches.

12. Wechseln Sie zwischen harten und weichen Fragen ab!

Harte Fragen hinterfragen bestimmte Themengebiete kritisch. Hierbei sollten, sofern notwendig, auch unangenehme Punkte zur Sprache kommen, zum Beispiel zu Auffälligkeiten im Lebenslauf, Bewerbungszeugnis, etc.

Weiche Fragen sind Erörterungsfragen ohne direkten Zündstoff.

Beide Fragearten sollten gut gemischt werden, da das ausschließliche Verwenden einer dieser beiden Fragearten das Gesprächsergebnis verfälschen kann. Zudem müssen auch kritische Punkte im Gesprächssachverhalt eindeutig geklärt werden.

13. Vermeiden Sie nach Möglichkeit Suggestivfragen!

Nachteile von Suggestivfragen:

- Erwünschte Antworten werden eingefordert.
- Durch Fremdbeeinflussung wird das Antwortverhalten verfälscht.

Achtung:

Im Zusammenspiel mit Nachsetzfragen können Suggestivfragen in bestimmten Einzelfällen jedoch zur Sachverhaltsklärung beitragen!

14. In der Gesamtschau sollten die meisten Fragen nicht mit Ja oder Nein zu beantworten sein.

Nachteile von Ja/Nein-Fragen:

- Der Bewerber spricht wenig. Dadurch ist keine Glaubwürdigkeitsüberprüfung möglich.
- Der Interviewer hat Mühe, das Gespräch interessant zu gestalten und am Laufen zu halten.
- Der Interviewer gewinnt nur einen Bruchteil der erreichbaren Informationen.

15. Kombinieren Sie direkte und indirekte Integritätsfragen in jedem Bewerberinterview.

Beide Fragearten sollten in ausgeglichenem Verhältnis verwendet werden. Das ausschließliche Verwenden einer der beiden Fragearten kann das Gesprächsergebnis verfälschen. Zudem müssen auch kritische

Punkte im Gesprächssachverhalt eindeutig geklärt werden.

16. Kombinieren Sie kriminalistische Fragetechniken mit anforderungsbezogenen Fragen.

Die meisten Bewerberinterviews klären nur das Anforderungsprofil des Bewerbers hinsichtlich dessen Qualifikationen. Ebenso wichtig ist, die Eignung des Bewerbers in charakterlicher Hinsicht zu überprüfen, um sowohl einen kompetenten als auch einen integren Mitarbeiter zu gewinnen.

17. Fordern Sie gerade bei kritischen Fragethemen einen ausführlichen, freien Bericht ein.

Vorteile:

- Durch ausführliches, stringentes Antworten werden Lügenkonstrukte erschwert.

- Der Interviewer gewinnt ausreichend viel Zeit für die Beobachtung der Körpersprache des Bewerbers.
- Der Interviewer hat ausreichend viel Zeit, um auf verbale Warnsignale und Glaubwürdigkeitsindikatoren zu achten.

18. Passen Sie Ihre Fragetechniken den Warnindikatoren an.

Je mehr Warnindikatoren überprüft werden können, desto größer ist die Wahrscheinlichkeit, ein wahrheitsgemäßes Aussageergebnis zu erhalten. Daher sollten die Fragen so gestellt werden, dass möglichst alle Indikatoren überprüft werden können.

19. Stellen Sie zu unterschiedlichen Zeitpunkten umformulierte Wiederholungsfragen.

Umformulierte Wiederholungsfragen stellen eine der effizientesten Methoden dar, um Angaben auf ihren Wahrheitsgehalt hin zu überprüfen. Insbesondere eignen sie sich bei längeren Gesprächsführungen, weil sich der Befragte bei einer großen Fragequantität nicht sämtliche Antworten merken kann. Da die Wahrheit spontan aus dem Gedächtnis abgerufen werden kann, die Lüge jedoch konstruiert werden muss, eignen sich Wiederholungsfragen ideal für die Glaubhaftigkeitsprüfung.

20. Überprüfen Sie die Plausibilität durch Nachsetz- und Nebensächlichkeitsfragen.

Beide Fragearten eignen sich hervorragend zur Glaubwürdigkeitsüberprüfung. Der fortgeschrittene Anwender von kriminalistischen Befragungsmethoden ist in der Lage, beide Fragearten im taktisch sinnvollen Wechsel zu kombinieren. Dadurch potenzieren Sie die Wirksamkeit der jeweiligen Fragestellung.

21. Verschleiern Sie während des gesamten Gespräches Ihre eigene Meinung und Ihre Wertvorstellungen.

Wenn Sie die wirkliche Meinung, Denkweise sowie den echten Charakter des Bewerbers in Erfahrung bringen möchten, so ist es unabdingbar ihre eigene Meinung und Ihre eigenen Wertvorstellungen während des gesamten Bewerbungsgespräches zu verschleiern.

Ein geschickter Bewerber wird beispielweise durch Gegenfragen versuchen, die Denkweise des Interviewers festzustellen. Gelingt ihm dies, so kann er fortan seine Antworten hinsichtlich eines erwünschten Antwortverhaltens ausrichten und den Interviewer unbemerkt manipulieren. Eine Glaubwürdigkeitsüberprüfung ist dann nur noch unter erschwerten Bedingungen möglich.

22. Halten Sie das Gespräch ständig am Laufen und vermeiden Sie Schweigephasen.

Vorteile:

- Standhafte Lügenkonstrukte sind kaum möglich.
- Der Interviewer gewinnt wertvolle Zeit zur Beobachtung und Analyse.

- Der Interviewer kann das Gespräch leichter dominieren.
- Der Interviewer erhält viele Informationen.
- Durch einen hohen Redefluss des Bewerbers ergibt sich eine einfachere Glaubwürdigkeitsüberprüfung.

23. **Sobald Sie Warnsignale feststellen, setzen Sie sofort mit einer Kombination verschiedener kriminalistischer Fragetechniken nach.**

Versuchen Sie, Ihre Wahrnehmung wie einen Sensor auszurichten. Sobald Sie durch eine geschickte Fragestellung Warnsignale feststellen, haken Sie umgehend durch Anwendung kombinierter kriminalistischer Befragungstechniken nach. Beobachten Sie, ob sich die Warnsignale verstärken, konstant bleiben oder sich abschwächen. Je mehr Warnindikatoren anschlagen, desto höher ist die Wahrscheinlichkeit, dass der Bewerber den Sachverhalt nicht wahrheitsgemäß darstellt.

24. Führen Sie ein längeres Vorgespräch ausschließlich mit Small-Talk-Fragen.

Dies ist einer der wichtigsten Punkte Ihres Befragungskonzepts. Durch harmlose Fragen über einen längeren Zeitraum stellen Sie sicher, dass der Befragte wahrheitsgemäß antwortet. Schließlich hat er keinen Grund, zu lügen, und eine Lüge an dieser Stelle wäre für ihn nur ein unnötiges Risiko. Ferner können Sie den Bewerber durch solche Fragen entspannen. Dies hat neben einer besseren und angenehmen Gesprächsatmosphäre den Vorteil, dass Sie so nicht Gefahr laufen, Warnsignale und allgemeine Nervosität vor der Befragungssituation zu verwechseln. Daher ist es im Vorgespräch wichtig, diese Frageart zu verwenden und keine Frage zu vertiefen. Bleiben Sie also in diesem Stadium Ihrer Befragung oberflächlich.

In dieser Phase können Sie die Körpersprache des Bewerbers bei wahrheitsgemäßen Ausführungen intensiv beobachten und analysieren. Sobald Sie dann zum eigentlichen Gespräch übergehen, brauchen Sie nur noch auf Abweichungen im körpersprachlichen Verhalten sowie im Antwort-Zeit-Verhalten zu achten.

Wenn Sie hierbei noch auf weitere Warnindikatoren achten, ist es nahezu ausgeschlossen, dass Sie täuschende Antworten nicht erkennen.

25. Stimmen Sie Ihre Fragethemen und Integritätsfragen immer auf die individuelle Bewerberstelle ab.

Jede Arbeitsstelle beinhaltet sowohl individuelle Anforderungen als auch individuelle Optionen für die Begehung von dolosen Handlungen. Daher muss das Fragekonzept auf beide Sachverhalte abgestimmt werden. Nur so kann sichergestellt werden, dass auch wirklich der richtige Bewerber eingestellt wird.

ES IST NIE ZU SPÄT,
DAS ZU WERDEN,
WAS MAN HÄTTE SEIN KÖNNEN.

Mary Ann Evans

Integritätsüberprüfung durch Täterprofiling

Umfeldprüfung

Die Umfeldprüfung ist eine von mehreren Säulen, welche Löw & Partner im Rahmen eines personenbezogenen Anti-Fraud-Managements berücksichtigt.

Für Einstellungsgespräche kann man einen kleinen Teil der Umfeldprüfung übernehmen. Der Schwerpunkt liegt hier in der ganzheitlichen Wahrnehmung des Bewerbers:

- Trägt er für seine Gehaltsklasse unüblich teure Kleidung, teuren Schmuck oder luxuriöse Uhren?
- Mit welchem Auto ist er zum Bewerbungsgespräch angereist?
- Ist der Befragte deutlich besser gekleidet als der Interviewer?
- Ist die Gehaltsforderung unüblich hoch?

- Stellt die Gehaltshöhe neben der Position als solcher den einzigen Beweggrund für die Bewerbung dar?
- Ist die Bewerbung mit einer Firmenwagenforderung eines bestimmten Premiumwagenherstellers verbunden?
- Erzählt der Befragte von sich aus von seiner Gehaltsklasse nicht angemessenen Urlaubsreisen oder Hobbys (im Rahmen des Vorgespräches)?
- Verbindet der Befragte beruflichen Erfolg untrennbar mit Statussymbolen?

<u>Potenzielle Gefahrenmerkmale</u>

- Auffällige Verermittlungsergebnisse
- Negative Inhalte im Arbeitszeugnis
- Auffälligkeiten in den Bewerbungsunterlagen
- Auffälligkeiten im Lebenslauf
- Negative Charaktereigenschaften
- Täuschende Körpersprache

- Täuschendes Antwortverhalten
- Manipulationsversuche
- Mangelnde Identifikation mit bisherigen Arbeitgebern

Individuelle Risikobewertung

- Risikobewertung hinsichtlich des Autoritätstyps
- Risikobewertung hinsichtlich des passenden Mitarbeitertyps
- Risikobewertung hinsichtlich der Persönlichkeitsmängel
- Risikobewertung hinsichtlich der Bewerbungsunterlagen
- Risikobewertung hinsichtlich der geplanten Verwendung

Persönlichkeitsmerkmale mit hohem Integritätsrisiko

1. Der Bewerber hat Defizite moralischer und ethischer Natur:

- Die persönliche Karriere ist die oberste oder gar einzige Priorität.
- Teil der Bewerberphilosophie ist die Ansicht, dass der Zweck die Mittel heiligt.
- Die Berufswahl erfolgte nach rein sachlichen Erwägungen.
- Die Arbeitgeberwahl erfolgte nach rein sachlichen Kriterien.
- Die Familie spielt eine untergeordnete Priorität.
- Der Bewerber leidet unter einem Anerkennungsdefizit.
- Der Bewerber weist ein mangelndes Unrechtsbewusstsein auf.

2. Der Bewerber lässt Dikrepanzen in der Eigen- und Fremdwahrnehmung erkennen:

- Die eigenen Fähigkeiten und die eigene Person werden maßlos überschätzt.
- Die eigenen Fähigkeiten und die eigene Person werden maßlos unterschätzt.
- Die Fähigkeiten von Kollegen und Vorgesetzten werden falsch wahrgenommen.
- Der Bewerber lässt keine ausgeprägten Fähigkeiten zur Selbstreflexion erkennen.
- Der Bewerber weist eine ausgeprägte Egozentrik auf.

3. Der Bewerber hat Mängel im Autoritätsverhalten:

- Der Bewerber hat Probleme mit Autoritätsanerkennung.
- Der Bewerber hat Probleme mit der eigenen Autorität.

4. Der Bewerber täuscht:

- Das angegebene Bewerbungsmotiv ist nicht plausibel.
- Das angegebene Motiv zur Berufswahl ist nicht plausibel.
- Im Lebenslauf des Bewerbers finden sich Lücken.
- Im Lebenslauf wurden wichtige Punkte verschwiegen.
- Es besteht der Verdacht der Fälschung von Bewerbungsunterlagen.
- Der Bewerber täuscht mit seiner Körpersprache.
- Der Bewerber täuscht mit seinem Antwortverhalten.

5. Der Bewerber lässt Mängel in der Konfliktbewältigung erkennen:

- Mangelnde Konfliktfähigkeit des Bewerbers.
- Mangelnde Kritikfähigkeit des Bewerbers.

- Mangelndes Empathievermögen des Bewerbers.
- Der Bewerber pflegt einen negativen Umgang mit Frustrationen.

6. Der Bewerber hat Teamfähigkeitsmängel:

   - Mangelnde Integrationsfähigkeit des Bewerbers.
   - Konfliktbewältigungsmängel (vgl. Punkt 5) des Bewerbers.
   - Mangelnde Belastbarkeit des Bewerbers.

7. Der Bewerber lässt mangelnde Arbeitsmoral erkennen:

   - Der Bewerber war bisher generell unzufrieden mit seinen Arbeitgebern.
   - Mangelndes Motivationsvermögen des Bewerbers.

- Der Bewerber lässt Probleme mit der Sorgfältigkeit erkennen.
- Mangelndes Verantwortungsbewusstsein des Bewerbers.
- Der Bewerber handelt ausgeprägt egoistisch.

8. Der Bewerber hat einen auffällig extrovertierten Lebensstil:

   - Der Lebensstil des Bewerbers ist seinem Gehalt nicht maßvoll angepasst.
   - Der Bewerber hat ein hohes Geltungsbedürfnis.
   - Der Bewerber bewegt sich in Kreisen, die nicht seinem sozialen Status entsprechen.
   - Der Bewerber bewegt sich in finanziell bessergestellten Kreisen.

9. Der Bewerber hat Arbeitsidentifikationsprobleme:

- Mangelnde Identifikation des Bewerbers mit seinem Beruf.
- Mangelnde Identifikation des Bewerbers mit seinem Arbeitgeber.
- Mangelnde Identifikation des Bewerbers mit seinem Arbeitsplatz.
- Mangelnde Identifikation des Bewerbers mit seinen Arbeitsaufgaben.

10. Der Bewerber versucht, den Interviewer zu manipulieren:

- Der Bewerber weicht Fragen aus.
- Der Bewerber braucht lange Nachdenkzeiten zur Fragebeantwortung.
- Der Bewerber versucht, sich über die Maßen gut darzustellen.
- Der Bewerber beantwortet Fragen mit Gegenfragen.

- Der Bewerber täuscht im Gespräch logische Zusammenhänge durch Konstruktion vor, d.h. er stellt einen nicht existenten Zusammenhang zwischen zwei Thematiken zu seinen Gunsten her (falsche Ableitungen von richtigen Grundannahmen etc.)
- Der Bewerber macht dem Interviewer unangebrachte Komplimente.
- Der Bewerber versucht, seine Meinung der des Interviewers anzupassen.

ICH HABE EINEN GANZ EINFACHEN GESCHMACK: ICH BIN IMMER MIT DEM BESTEN ZUFRIEDEN.

Oscar Wilde

Persönlichkeitsmerkmale mit niedrigem Integritätsrisiko

- Der Bewerber hegt eine ausgeprägte Leidenschaft für seinen Beruf bzw. die vorgesehene Stelle.
- Der Bewerber identifiziert sich uneingeschränkt mit seinem neuen Arbeitgeber.
- Der Bewerber besitzt ausgeprägte Moral- und Wertvorstellungen.
- Der Bewerber besitzt eine ausgeglichene Persönlichkeit.
- Der Bewerber besitzt ein ausgeglichenes Privat- und Familienleben.
- Das Selbstbewusstsein des Bewerbers ist nicht ausschließlich von speziellen Erfolgen abhängig.
- Der Bewerber besitzt eine beherrschte Wesensart.
- Der Bewerber ist konfliktfähig.
- Der Bewerber besitzt eine realistische Selbsteinschätzung.

- Der Bewerber ist ein Mitarbeitertyp welcher im Team eine Lücke schließt.
- Der Lebenslauf des Bewerbers weist keine negativen Auffälligkeiten auf.
- Der Bewerber hat eine ehrliche Grundhaltung.
- Der Bewerber hat keine berechnende Persönlichkeit.
- Der Bewerber besitzt keine täuschende Körpersprache.
- Der Bewerber besitzt kein täuschendes Antwortverhalten.
- Der Bewerber ist bisher nicht strafrechtlich aufgefallen.
- Der Bewerber ist kein reiner Karrieremensch.
- Der Bewerber besitzt eine positive Grundeinstellung.
- Der Bewerber übt im privaten Bereich ein Ehrenamt aus.
- Der Bewerber engagiert sich privat in einem sozialen Bereich.

- Der Bewerber besitzt ein ausgeprägtes Verantwortungsbewusstsein.
- Der Bewerber lässt eine Homogenität zwischen Körper- und Wortsprache erkennen.
- Gefahrenpotenzialmerkmalen sind beim Bewerber nicht zu beobachten.

Rechtliche Hinweise

Internetrecherchen bei Stellenbewerbern

Hinweis:

Da die rechtliche Lage ständigen Änderungen unterliegt, kann seitens des Autors keine Gewähr für die Richtigkeit der nachfolgenden Angaben gegeben werden. Im Zweifelsfall wenden Sie sich bitte an einen Fachanwalt für Arbeitsrecht.

1. „Bei der Beurteilung von Bewerberrecherchen in sozialen Netzwerken ist zwischen der Recherche in berufsorientierten Netzwerken und derjenigen in freizeitorientierten Netzwerken zu unterscheiden, da letztere eine Recherche durch ihre AGB verbieten.“[1]

2. „Daten, die über Suchmaschinen ohne Netzwerkmitgliedschaft des Arbeitgebers frei zugänglich sind, können nach § 28 I 1 Nr. 3

---

[1] Dr. Gerrit Forst: *Bewerberauswahl über soziale Netzwerke im Internet?* In: NZA 27, H. 8 (2010), S. 427-433.

BDSG bzw. § 28 VI Nr. 2 BDSG erhoben werden."[2]

3. „Daten, die nur Mitgliedern zugänglich sind, können nur in berufsorientierten Netzwerken erhoben werden. Hier ist danach zu unterscheiden, ob das Bewerberprofil allen Mitgliedern des Netzwerkes offensteht oder nur befreundeten Mitgliedern. Im erstgenannten Fall kann eine Rechtfertigung der Datenerhebung über § 32 I 1.Alt.1 BDSG erfolgen, im letztgenannten Fall kommt sogar eine Einwilligung nach §§ 4, 4a BDSG in Betracht. Die Erhebung von Daten auf Profilseiten Dritter ist nicht gerechtfertigt."[3]

4. „Vor der Datenerhebung hat der Arbeitgeber den betrieblichen Datenschutzbeauftragten zu unterrichten. Die Ergebnisse der Recherche sind dem Betriebsrat in Betrieben mit mehr als zwanzig Arbeitnehmern vorzulegen."[4]

---

[2] Ebd.

[3] Ebd.

[4] Ebd.

5. „Handelt der Arbeitgeber rechtswidrig, droht neben öffentlich-rechtlichen Sanktionen vor allem eine Inanspruchnahme durch die Netzwerkbetreiber. Schadensersatzklagen der Bewerber haben hingegen wenig Aussicht auf Erfolg.“[5]

6. Auslegungsschwierigkeiten von AGB gehen gemäß § 305c Abs. 2 BGB zu Lasten des Verwenders. Ist in den AGB beispielsweise ausschließlich die Verwendung der Nutzerdaten zum Zwecke der Personaldatenerhebung durch den Arbeitgeber untersagt, wie dies beispielsweise beim Netzwerk StudiVZ der Fall ist, so kann man sich ohne Weiteres trotzdem auf den Standpunkt stellen, dass sich ein potenzieller Arbeitgeber durch entsprechende Recherchen informiert, da er zum Zeitpunkt der Datenerhebung noch nicht Arbeitgeber des Bewerbers ist.

7. Einige Betreiber von Social Networks und Foren schließen in ihren AGB das Anlegen von unwahren Nutzerprofilen aus und drohen im Falle der Zuwiderhandlung mit rechtlichen

[5] Ebd.

Konsequenzen. Handeln Sie daher so, dass Sie im Kontext mit den AGB nicht angreifbar sind.

Weitere wichtige rechtliche Hinweise (ohne Anspruch auf Vollständigkeit)

Auszüge aus dem deutschen Strafgesetzbuch (StGB):

§ 186 StGB Üble Nachrede

Wer in Beziehung auf einen anderen eine Tatsache behauptet oder verbreitet, welche denselben verächtlich zu machen oder in der öffentlichen Meinung herabzuwürdigen geeignet ist, wird, wenn nicht diese Tatsache erweislich wahr ist, mit Freiheitsstrafe bis zu einem Jahr oder mit Geldstrafe und, wenn die Tat öffentlich oder durch Verbreiten von Schriften (§ 11 Abs. 3) begangen ist, mit Freiheitsstrafe bis zu zwei Jahren oder mit Geldstrafe bestraft.

DIE KÜRZESTEN WÖRTER,
NÄMLICH 'JA' UND 'NEIN'
ERFORDERN DAS MEISTE
NACHDENKEN.

Pythagoras von Samos

§ 201 StGB Verletzung der Vertraulichkeit des Wortes

(1) Mit Freiheitsstrafe bis zu drei Jahren oder mit Geldstrafe wird bestraft, wer unbefugt

1. das nichtöffentlich gesprochene Wort eines anderen auf einen Tonträger aufnimmt oder
2. eine so hergestellte Aufnahme gebraucht oder einem Dritten zugänglich macht.

(2) Ebenso wird bestraft, wer unbefugt

1. das nicht zu seiner Kenntnis bestimmte nichtöffentlich gesprochene Wort eines anderen mit einem Abhörgerät abhört oder

2. das nach Absatz 1 Nr. 1 aufgenommene oder nach Absatz 2 Nr. 1 abgehörte nichtöffentlich gesprochene Wort eines anderen im Wortlaut oder seinem wesentlichen Inhalt nach öffentlich mitteilt.

Die Tat nach Satz 1 Nr. 2 ist nur strafbar, wenn die öffentliche Mitteilung geeignet ist, berechtigte Interessen eines anderen zu beeinträchtigen. Sie ist nicht rechtswidrig, wenn die öffentliche Mitteilung zur Wahrnehmung überragender öffentlicher Interessen gemacht wird.

(3) Mit Freiheitsstrafe bis zu fünf Jahren oder mit Geldstrafe wird bestraft, wer als Amtsträger oder als für den öffentlichen Dienst besonders Verpflichteter die Vertraulichkeit des Wortes verletzt (Absätze 1 und 2).

(4) Der Versuch ist strafbar.

(5) Die Tonträger und Abhörgeräte, die der Täter oder Teilnehmer verwendet hat, können eingezogen werden. § 74a ist anzuwenden.

§ 238 StGB Nachstellung

(1) Wer einem Menschen unbefugt nachstellt, indem er beharrlich

1. seine räumliche Nähe aufsucht,

2. unter Verwendung von Telekommunikationsmitteln oder sonstigen Mitteln der Kommu-

nikation oder über Dritte Kontakt zu ihm herzustellen versucht,

3. unter missbräuchlicher Verwendung von dessen personenbezogenen Daten Bestellungen von Waren oder Dienstleistungen für ihn aufgibt oder Dritte veranlasst, mit diesem Kontakt aufzunehmen,

4. ihn mit der Verletzung von Leben, körperlicher Unversehrtheit, Gesundheit oder Freiheit seiner selbst oder einer ihm nahe stehenden Person bedroht oder

5. eine andere vergleichbare Handlung vornimmt

und dadurch seine Lebensgestaltung schwerwiegend beeinträchtigt, wird mit Freiheitsstrafe bis zu drei Jahren oder mit Geldstrafe bestraft.

(2) Auf Freiheitsstrafe von drei Monaten bis zu fünf Jahren ist zu erkennen, wenn der Täter das Opfer, einen Angehörigen des Opfers oder eine andere dem Opfer nahestehende Person durch die Tat in die Ge-

fahr des Todes oder einer schweren Gesundheitsschädigung bringt.

(3) Verursacht der Täter durch die Tat den Tod des Opfers, eines Angehörigen des Opfers oder einer anderen dem Opfer nahestehenden Person, so ist die Strafe Freiheitsstrafe von einem Jahr bis zu zehn Jahren.

(4) In den Fällen des Absatzes 1 wird die Tat nur auf Antrag verfolgt, es sei denn, dass die Strafverfolgungsbehörde wegen des besonderen öffentlichen Interesses an der Strafverfolgung ein Einschreiten von Amts wegen für geboten hält.

§ 240 StGB Nötigung

(1) Wer einen Menschen rechtswidrig mit Gewalt oder durch Drohung mit einem empfindlichen Übel zu einer Handlung, Duldung oder Unterlassung nötigt, wird mit Freiheitsstrafe bis zu drei Jahren oder mit Geldstrafe bestraft.

(2) Rechtswidrig ist die Tat, wenn die Anwendung der Gewalt oder die Androhung des Übels zu dem angestrebten Zweck als verwerflich anzusehen ist.

(3) Der Versuch ist strafbar.

(4) In besonders schweren Fällen ist die Strafe Freiheitsstrafe von sechs Monaten bis zu fünf Jahren.

Ein besonders schwerer Fall liegt in der Regel vor, wenn der Täter

1. eine andere Person zu einer sexuellen Handlung oder zur Eingehung der Ehe nötigt,

2. eine Schwangere zum Schwangerschaftsabbruch nötigt oder

3. seine Befugnisse oder seine Stellung als Amtsträger missbraucht.

Einige Anmerkungen:

Eine übliche Onlinerecherche führt normalerweise zu keinem direkten persönlichen Kontakt mit der Person, welche Gegenstand Ihrer Recherchen ist. Insofern

stellt sich die rechtliche Problematik des § 238 StGB im Regelfall nicht. Dennoch habe ich diesen Paragraphen in die Liste der rechtlichen Hinweise mitaufgenommen, um meine Leser auf die Grenzen der Recherchen aufmerksam zu machen. In Zweifelsfällen befragen Sie bitte jedoch immer einen Rechtsanwalt.
Um nicht in den Bereich des § 186 StGB oder in andere rechtliche Schwierigkeiten zu kommen, ist es wichtig, dass Sie die ermittelten Informationen für sich behalten und nicht an Dritte weitergeben. Ferner sollten Sie den Bewerber auch nicht direkt mit den von Ihnen ermittelten Informationen konfrontieren. Wenn Sie dies aber als unvermeidlich betrachten, dann behalten Sie zumindest Ihre Quellen für sich und konfrontieren den Bewerber durch eine Frage im Konjunktiv. Auch bei gründlichster Recherche haben Sie keine Garantie dafür, dass Ihre im Internet ermittelten Daten hundertprozentig der Wahrheit entsprechen.

Damit Sie sich selbst aber nicht nur davor schützen, sich nach § 186 StGB strafbar zu machen, sondern auch davor, ihre weiteren Entscheidungen auf falschen Grundlagen aufzubauen, ist es sehr wichtig, dass Sie die im Internet ermittelten Daten entsprechend verifizieren.

Hierzu müssen Sie die Quellen und die Qualität der ermittelten Informationen näher betrachten. Versuchen Sie, bei entscheidenden Informationen eine oder mehrere weitere Quellen zu finden, um dadurch eine Verifizierung vornehmen zu können. Prüfen Sie aber nicht nur die ermittelten Informationen einer Quelle nach, sondern auch die Quelle selbst. Es spielt eine entscheidende Rolle, wie glaubwürdig die Quelle als solche ist. Denken Sie hier beispielsweise an bekannte Tageszeitungen oder Magazine. Sicher werden Sie mir zustimmen, dass es glaubwürdigere und weniger glaubwürdige Medien gibt. Eine Informationsfülle besteht jedoch bei allen. Im Internet ist es im Grunde nicht anders.

Selbst wenn die Quelle vertrauenswürdig ist, dann sollten Sie zusätzlich das Thema Befangenheit bzw. Objektivität berücksichtigen. Kann man davon ausgehen, dass der Bewerber, über den Sie recherchieren, mit der Quelle in irgendeinem direkten oder indirekten Kontakt steht, so ist die Objektivität der Quelle anders zu bewerten, als wenn das nicht der Fall ist. Es stellt sich daher gegebenenfalls die Frage, ob die Quelle ein Interesse daran haben könnte, die Person des Bewerbers aus irgendwelchen Gründen besser oder schlechter darzustellen, als dies objektiv der Fall wäre.

Universität Münchhausen
verleiht
Herrn EINFÄLTIG
Rechte u. Grad
eines Doktors der Medizin
(und einiges mehr)
Dr.Dr. EINFÄLTIG

Unter Umständen kann auch das Thema Zeit eine Rolle spielen, d.h. der Zeitpunkt, an dem die Information in die Quelle eingestellt wurde, (Forenbeiträge o. Ä.) kann im Kontext der Gesamtinformationserhebung eine Rolle spielen. Falls man eine direkte Verbindung mit der Person des Bewerbers annehmen kann, kann die Objektivität der Quelle zu unterschiedlichen Zeitpunkten auch unterschiedlich zu bewerten sein.

Wenn Sie sich beim Thema Datenschutz im Zusammenhang mit Ihren Recherchen unsicher sind, können Sie sich außer an einen Rechtsanwalt auch an den Datenschutzbeauftragen Ihres Unternehmens wenden.

Gesprächsleitfaden für Bewerbungsgespräche erstellen

Schritt 1:

Gesprächsatmosphäre schaffen, Informationen gewinnen

- Führen Sie ein lockeres Vorgespräch.
- Sorgen Sie für eine entspannte Gesprächsatmosphäre.
- Holen Sie allgemeine Informationen ein.
- Achten Sie stets auf verbale und nonverbale Verhaltensweisen.

Schritt 2:

Erste Einschätzung des Bewerbers

- Nehmen Sie eine erste Charakterisierung des Bewerbers vor.

Schritt 3:

Zweite Einschätzung des Bewerbers, Firmen-informationen

- Erklären Sie dem Bewerber den Grund für die Befragung.
- Nennen Sie dem Bewerber Wissenswertes über Ihr Unternehmen.
- Achten Sie darauf, wie intensiv er zuhört.

Schritt 4:

Dritte Einschätzung des Bewerbers (allgemeine Integritätsprüfung)

Fragenauswahl und Durchführung anhand von Auswahlgruppen

(Auswahl von drei bis fünf Fragen pro Gruppe.)

- **1. Auswahlgruppe:**
  Moralische und ethische Überprüfungen
- **2. Auswahlgruppe:**
  Eigen- und Fremdwahrnehmungs-
  überprüfung
- **3. Auswahlgruppe:**
  Autoritätsverhaltensüberprüfung
- **4. Auswahlgruppe:**
  Integritätsüberprüfung anhand
  von Täuschungsmerkmalen
- **5. Auswahlgruppe:**
  Konfliktfähigkeitsüberprüfung
- **6. Auswahlgruppe:**
  Teamfähigkeitsüberprüfung
- **7. Auswahlgruppe:**
  Überprüfung der Arbeitsmoral
- **8. Auswahlgruppe:**
  Überprüfung von möglichen
  Identifikationsproblemen
- **9. Auswahlgruppe:**
  Integritätsüberprüfung durch
  direkte Integritätsfragen

Schritt 5:

Vorbereitung der Nachsetzbefragung

- Registrieren Sie eventuelle Lücken im Bewerbungsschreiben und in der Argumentation.
- Notieren Sie zweifelhafte Angaben und Widersprüche.
- Notieren Sie Abweichungen vom Normalverhalten.

Schritt 6:

Vierte Einschätzung (Ernsthaftigkeit, Auffassungsgabe, Merkfähigkeit)

- Stellen Sie dem Bewerber Überprüfungsfragen zur Eigendarstellung des Unternehmens.

Schritt 7:

Nachsetzbefragung durchführen (Widersprüche und Unklarheiten klären)

- Alibiangaben
- Nebensächlichkeitsfragen
- Antwort-Zeit-Verhalten
- Wiederholungsfragen
- Nonverbale Signale
- Verbale Signale

Schritt 8:

Fachwissenstest

- Stellen Sei dem Bewerber Überprüfungsfragen zu seinen vorgegebenen Qualifikationen.

Schritt 9:

Nachsetzbefragung durchführen (Widersprüche und Unklarheiten klären)

- Alibiangaben
- Nebensächlichkeitsfragen
- Antwort-Zeit-Verhalten
- Wiederholungsfragen
- Nonverbale Signale
- Verbale Signale

Schritt 10:

Widerspruchskonfrontation

- Konfrontieren Sie den Bewerber mit seinen widersprüchlichen Angaben.
- Konfrontieren Sie den Bewerber mit einem möglichen Fälschungsverdacht unter Zeugen.
- Klären Sie abschließend den Sachverhalt mit dem Bewerber.

Schritt 11:

Abschlussgespräch

- Beantworten Sie dem Bewerber noch offene Fragen seinerseits.
- Bitten Sie den Bewerber um ein abschließendes Feedback.
- Geben Sie dem Bewerber Ihr eigenes Feedback.

Der Stellenwert der Vorgesprächsphase

Das Vorgespräch verfolgt vor allem drei wichtige Ziele. Einerseits soll es die Gesprächsatmosphäre auflockern, andererseits bietet es Ihnen die Möglichkeit des Informationsgewinns. Beides ist für die erfolgreiche Führung eines Gesprächs zur Sachverhaltsklärung von grundlegender Bedeutung. Ferner können Sie im Vorgespräch den Normalzustand des Bewerbers hinsichtlich seiner verbalen und nonverbalen Kommunikation ermitteln.

Dies ist eine sehr wirksame Möglichkeit, um die Glaubhaftigkeit des Bewerbers im weiteren Gespräch besser einschätzen zu können. Es ist völlig normal, dass ein Bewerber im Regelfall zu Beginn des Vorstellungsgesprächs ein wenig nervös ist, ganz unabhängig davon, ob sich täuschende Angaben in seinen Bewerbungsunterlagen finden, er gute oder lediglich durchschnittliche Referenzen hat oder was für ein Typ Mensch er ist.

DIE WERTVOLLSTE INVESTITION ÜBERHAUPT, IST DIE IN DEN MENSCHEN.

Jean-Jacques Rousseau

Die meisten Menschen verspüren in einer fremden Umgebung und bei der Begegnung mit fremden Menschen ein Mindestmaß an Unsicherheit, welches je nach Persönlichkeit unterschiedlich stark ausgeprägt ist. Die wenigsten Menschen sind so selbstbewusst, dass sie auch in einer ihnen fremden Situation völlig entspannt sind. Aus diesem Grund ist es wichtig, in einem Vorgespräch die Gesprächsatmosphäre und somit den Bewerber selbst zu entspannen.

Sobald der Bewerber unbefangener wirkt, wird das Gespräch mit vermeintlich harmlosen Fragen begonnen. Sie stellen dabei solche Fragen, bei denen Sie aufgrund der vermeintlichen Harmlosigkeit (aus Sicht Ihres Gesprächspartners) davon ausgehen können, dass diese von ihm wahrheitsgemäß beantwortet werden.Lügen bergen an dieser Stelle ein unnötiges Risiko, als solche entlarvt zu werden.

Im Allgemeinen erschwert sich ein Lügner seine Aufgabe immens, je mehr falsche Angaben er sich merken muss, um sich zu einem späteren Zeitpunkt nicht in Widersprüche zu verstricken. Ein kluger Lügner bleibt daher so lange wie möglich bei der Wahrheit und sagt nur in wenigen für ihn wesentlichen Punkten die Unwahrheit. Dadurch webt er die Lüge in die

Wahrheit ein. Jeder gute Hochstapler beherrscht diese Vorgehensweise.

Folglich wird der professionelle Lügner solche Fragen, bei denen die Wahrheit leicht nachprüfbar ist, auch wahrheitsgemäß beantworten. Zu groß wäre das Aufdeckrisiko und schließlich kennt jeder Lügner die bekannte Redensart, wonach man jemandem bereits nach einmaligem Lügen nicht mehr glaubt, selbst wenn er fortan die Wahrheit spricht.

Stellen Sie dem Bewerber deswegen möglichst viele dieser Fragen, die leicht nachprüfbar und für ihn ohne größere Bedeutung sind, um wahrheitsgemäße Antworten zu erhalten. Währenddessen stellen Sie das Normverhalten des Bewerbers fest. Wie lange braucht er durchschnittlich zur Fragebeantwortung (Antwort-Zeit-Verhalten)? Wie ist seine Körpersprache im entspannten Zustand, wie seine Stimmlage, Sprechgeschwindigkeit, usw.?

Sobald Sie sich sicher sind, den Normalzustand Ihres Bewerbers zu kennen, können Sie in die eigentliche Hauptgesprächsphase übergehen. Wenn Sie den Bewerber mit unangenehmen Fragen konfrontieren, beispielsweise zu Lücken oder Unklarheiten in seinen

Bewerbungsunterlagen, können Sie im Regelfall Verhaltensänderungen beobachten, da solche Situationen auch für das kognitive System des besten Lügners Stress bedeuten. Stress wiederum macht sich bei jedem Menschen auf die ein oder andere Art und Weise bemerkbar und ist somit auch wahrnehmbar.

Wird das Vorgespräch mangelhaft oder gar nicht durchgeführt, ist eine zielführende Befragungstaktik nur noch schwer umsetzbar. Versuchen Sie bitte, so viele Informationen wie möglich über Ihren Gesprächspartner aus dem Vorgespräch zu erhalten.

Da im Vorgespräch keine kritischen Punkte angesprochen werden, haben Sie den Vorteil, den Gesprächspartner zunächst einmal von seiner normalen Seite kennenzulernen. Ferner ist der Gesprächspartner im Regelfall besonders zu Gesprächsbeginn, bevor die kritischen Punkte zur Sprache kommen, noch am zugänglichsten. In den allermeisten geschäftsbedingten Gesprächen versuchen beide Parteien gerade zu Beginn ihren jeweiligen Gesprächspartner positiv zu stimmen, um somit die Grundlage zu schaffen, das Gespräch gemäß ihrer jeweiligen Zwecke gezielt lenken zu können. Hüten Sie sich also in dieser Phase vor geschickten Manipulationsversuchen Ihres Gesprächspartners. Achten Sie bereits ab dem Zeitpunkt der Begrüßung auf sämtliche Arten der Kommunikation seitens Ihres Gesprächspartners, ob verbal oder nonverbal. Versuchen Sie, im Vorgespräch den Charaktertyp des Bewerbers richtig einzuschätzen.

Stellen Sie geschickt Fragen unterschiedlich intellektuellen und fachlichen Anspruchs, um auf die intellektuellen und fachlichen Fähigkeiten Ihres Gesprächspartners rückzuschließen. Unter Beachtung der rechtlichen Rahmenbedingungen sind auch vermeintlich harmlose Fragen zum Privatleben möglich, beispielsweise dann, wenn der Bewerber von sich aus Hobbys und bestimmte Interessen in seinem Bewerbungsschreiben oder Lebenslauf angegeben hat.

Sie lockern damit nicht nur die Gesprächsatmosphäre auf, sondern erhalten wertvolle Informationen. Ein Briefmarken- und Münzensammler wird sicherlich andere Charakterzüge aufweisen, als ein Fallschirmspringer oder Extremsportler. Gleiches gilt für die Automarke und den Fahrzeugtyp Ihres Gesprächspartners. Hat der Bewerber Familie oder ist er Single? Ist er sozial engagiert? Ist sein Privatleben mit seinem Gehalt gut vereinbar oder lebt er mutmaßlich über seine Verhältnisse? Wie weit ist sein Anfahrtsweg zur Arbeit und warum hat er sich als Pendler nichts Näheres gesucht? Weisen Sie in diesem Zusammenhang jedoch immer darauf hin, dass eine Antwort in diesen Bereichen freiwillig erfolgt und keinerlei Auswirkungen auf den Verlauf des Auswahlverfahrens hat.

Der berühmte deutsche Psychologe Hermann Ebbinghaus wies in seiner ebenso bekannten „Vergessenskurve“ bereits vor über hundert Jahren nach, dass die meisten Menschen nach ca. zwanzig Minuten einen Großteil des Gesagten vergessen haben. Da dies für beide Seiten gilt, ist es für den Interviewer so wichtig, sich während des Gesprächs Notizen zu machen. Diesen Vergessensnachteil für den Bewerber können Sie in einen Vergessensvorteil für sich umwandeln, in dem Sie in der Hauptgesprächsphase geschickt umformulierte Wiederholungsfragen anwenden, die auf den Fragen und Antworten des Bewerbers in der Vorgesprächsphase fußen, doch dazu später noch mehr.

Es ist vorstellbar, dass der Bewerber sich daran stoßen könnte, wenn Sie als Interviewer während des Bewerbungsgesprächs Notizen anfertigen. Ebenfalls könnte er vielleicht die Anwesenheit einer zweiten

Person hinterfragen oder es könnte ihn irritieren, dass diese sich Gesprächsnotizen macht.

Nun sind die meisten Stelleninteressenten keine Bewerbungsbetrüger, auch wenn deren Quote nicht zu unterschätzen ist. Da Sie schließlich nicht die ehrlichen und sympathischen Bewerber verprellen möchten, sollten Sie auch in dieser Hinsicht taktisch klug vorgehen.

Es ist auch Zweck des Vorgesprächs, mit dem Bewerber den weiteren Ablauf und die voraussichtliche Zeitdauer des gesamten Bewerberinterviews zu besprechen.

Damit der Bewerber nicht misstrauisch wird und/oder Probleme mit Ihrer Vorgehensweise bekommt, sollten Sie ihm den Ablauf und die Umstände des Gespräches erläutern.

Erklären Sie ihm, dass Sie und Ihr anwesender Kollege bei Bewerbergesprächen stets einen Interviewleitfaden verwenden, um zu verhindern, dass Sie und Ihr Kollege wichtige Fragen oder Antworten vergessen.

Ferner geben Sie dem Bewerber gegenüber an, dass sich diese Vorgehensweise bewährt hat und beiden Seiten viel Zeit erspart. Die Anwesenheit des zweiten Interviewers begründen Sie auf rein fachlicher Ebene. Hierbei können Sie ruhig bei der Wahrheit bleiben: Sagen Sie dem Bewerber, dass Sie nur der Personalverantwortliche oder Geschäftsführer sind und als solcher bezüglich der genauen fachlichen Anforderungen und Details der zu besetzenden Stelle keine tiefgehende Fachkenntnisse haben. Deswegen ist der Herr XY, Abteilungsleiter dieses Ressorts, beim Gespräch zugegen.

Als weiteren Vorteil können Sie dann anführen, dass sich so beide schon einmal persönlich näher kennenlernen können. Bescheidenheit ist hier übrigens ein durchaus kluger Schachzug. Wenn Sie selbst ein bisschen tiefstapeln, dann können Sie umso nachvollziehbarer begründen, warum unbedingt der Herr XY beim Gespräch mit dabei sein muss.

Diese Tiefstapelei hat zwei weitere taktische Vorteile. Einerseits präsentieren Sie sich dem Bewerber gegenüber besonders sympathisch, denn ein (zukünftiger) Vorgesetzter, der zu seinen Schwächen steht, wirkt menschlicher als ein perfektionistischer Chef.

Chef
LEBENSLAUF
bla...bla..bla...
Mag.,Ing., Prof.,
Dr., Dipl.Ing. etc.etc.
einfach der BESTE

Andrerseits geben Sie Ihrem Gesprächspartner durch diese Taktik die Möglichkeit, Sie zu unterschätzen.

Sollte Ihr Gesprächspartner Sie unterschätzen, kann Ihnen das zahlreiche taktische Vorteile bieten. Dies gilt nicht nur für Bewerbungsgespräche, sondern auch für viele weitere private und berufliche Situationen. Besonders wichtig ist diese Taktik aber immer dann, wenn Sie aufgrund bestimmter Umstände gezwungen sind, das Bewerberinterview alleine zu führen.

Hierbei sollten Sie dem Bewerber den Eindruck vermitteln, Sie besäßen kein tiefer gehendes Wissen in dessen Fachgebiet und er könne Ihnen, seinem Eindruck nach, alles Mögliche erzählen. Falls Sie in dieser Gesprächstaktik sehr routiniert sind oder über schauspielerisches Talent verfügen, können Sie dem Bewerber gar vorgaukeln, Sie wollten ihm gegenüber Fachwissen vortäuschen, welches Sie in Wirklichkeit gar nicht besäßen. Dies kann beispielsweise durch Verwendung eines Fachbegriffs in einem falschen Zusammenhang erfolgen. Die Täuschung funktioniert jedoch nur, wenn aufgrund Ihrer beruflichen Aufgabenstellung klargestellt ist, dass Sie dieses Fachwissen nicht besitzen müssen. Andernfalls bringen Sie die Reputation Ihres Unternehmens gegenüber dem Bewerber in Misskredit.

Somit haben Sie mindestens zwei weitere Asse im Ärmel. Erstens können Sie die allgemeine Glaubwürdigkeit des Bewerbers und Teile seines Charakters überprüfen. Die spannende Frage bezüglich dieser allgemeinen Überprüfung lautet nämlich, ob Ihr Gesprächspartner Ihre vermeintliche fachliche Unterlegenheit ausnutzt und sich in ungehörigem Maße besser darstellt, als er ist, oder ob er eher zu einer bodenständigen Darstellungsweise neigt. Hinsichtlich der zu ermittelnden Integrität des Bewerbers kann dies ein durchaus interessanter Punkt sein.

Andererseits wiegt sich ein getäuschter Gesprächspartner in falscher Sicherheit und ist nicht so vorsichtig, wie er normalerweise wäre. Das kann ihm wiederum schnell zum Verhängnis werden.

NUR WER SEIN ZIEL KENNT,
FINDET DEN WEG.

Laotse

Verbale Lügensignale im Bewerberinterview

Ausweichantworten und Fragewiederholung

Wahrheitsgemäß aussagende Personen antworten in der Regel auf konkrete Fragen mit konkreten Antworten. Antworten wie „Eigentlich nicht." sind verdächtig. Auch sollten Antworten, die die eigentliche Frage zu umgehen suchen bzw. nicht konkret auf diese eingehen, die Alarmglocken schrillen lassen. Für eine ehrliche und kooperative Person, die nichts zu verbergen hat, gibt es keinen Grund, eine konkrete Antwort auf eine konkrete Frage zu verweigern.

Wiederholt der Befragte die Frage, bevor er sie beantwortet, so könnte der Grund hierfür sein, Zeit zum Nachdenken zu gewinnen. Da Lügen im Gegensatz zur Wahrheit erst konstruiert werden müssen, bedarf es für eine täuschende Antwort mehr Zeit als für eine wahrheitsgemäße.

Schlüssigkeitsdifferenzen

Der Warnindikator der Schlüssigkeitsdifferenzen tritt besonders bei längeren, komplexen Gesprächsverläufen zu Tage. Um zu überprüfen ob dieser Warnindikator vorliegt, eignen sich besonders gut Wiederholungsfragen und Nebensächlichkeitsfragen.

Selbst für geübte Lügner ist es bei längeren, komplexen Gesprächsverläufen kaum zu schaffen, die Einzelantworten auf eine Vielzahl von Fragen so zu konstruieren, dass sie zur Vergangenheit, Gegenwart und Zukunft des jeweiligen Gesprächsverlaufes sowie zu allen besprochenen Details stimmig sind. Wenn also der angegebene Gesamtsachverhalt nicht schlüssig oder gar widersprüchlich ist, sind höchstwahrscheinlich enthaltene Täuschungselemente im Einsatz. Hier sollte bei jeder einzelnen Abweichung intensiv mit Nachsetz- und Nebensächlichkeitsfragen nachgehakt werden.

Gegenfrageantworten

Erfolgen Antworten mit Gegenfragen, ist höchste Vorsicht geboten. Im Einzelfall kann durchaus der Fall vorliegen, dass sich der Interviewte von einer einzelnen Frage brüskiert fühlt und vor der Antwort den Grund für die Fragestellung erfragt. Geschieht dies jedoch wiederholt und möglicherweise noch mit einer gleichzeitig gestarteten Offensive („Trauen Sie mir das wirklich zu?", „Warum sollte ich das tun?", „Was denken Sie von mir?", etc.) ist äußerste Vorsicht geboten. Insbesondere bei konkreten Vorwürfen neigen wahrheitsgemäße Auskunft gebende Personen nicht zu Ausweichantworten oder Gegenfragen, sondern weisen den Vorwurf ganz klar von sich.

Gegenfragen können außerdem ähnlich den Fragewiederholungen die Zielrichtung des Zeitgewinns zum Nachdenken verfolgen. Ferner sind sie auch ein typisches Ablenkungsmittel von der eigentlichen Frage.

Detailarmut

Ein Lügner ist bestrebt, seine Darstellung eines Sachverhalts auf das Wesentliche zu beschränken. Konstruierte Aussagen mit Detailvielfalt würden auf Dauer einen Lügner überfordern, da er ja immer darauf bedacht sein muss, die Gesamtaussage glaubwürdig zu gestalten und Widersprüche zu vermeiden.

Fakt ist aber, dass reale Sachverhalte, einsbesondere wenn sie komplex sind, fast immer reich an Details sind. Wird nun aber ein Sachverhalt auffällig detailarm geschildert, liegt der Verdacht einer täuschenden Aussage nahe. Verstärkt wird dieser Eindruck zusätzlich, wenn die Aussage überwiegend detailreich ausfällt und nur bestimmte Aussagepunkte kaum Details enthalten. Sachverhalte, die sehr detailarm sind, können jederzeit problemlos auch von Unbeteiligten erfunden werden.

Detailwissensauffälligkeiten

Lügner bereiten sich normalerweise nur auf das eigentliche Kernthema vor. Dies ist nicht verwunderlich, da selbst der beste Lügner nicht in der Lage ist, alle denkbaren Nebensächlichkeiten zu berücksichtigen. Aus diesem Grund sind Nebensächlichkeits- und Nachsetzfragen effektive Mittel zur Glaubwürdigkeitsfeststellung. Besonders auffällig ist es nun, wenn der Befragte sich an bestimmte Teilaspekte eines Gesamtsachverhalts detailliert erinnert, während er an das übrige Geschehen nur oberflächliche Erinnerungen haben will.

Dieser Warnindikator ist nicht zu verwechseln mit dem der Detailarmut. Hier geht es um faktisch vorhandene Wissenslücken, während es bei der Detailarmut um eine detailarme Erzählform geht.

<u>Abweichungen im Allgemeinen Wahrnehmungsindikator</u>

Selbst einem guten Lügner ist es kaum möglich, alle seine Kommunikationskanäle jederzeit perfekt zu manipulieren. Entweder ergeben die Kommunikationskanäle untereinander kein stimmiges Bild(beispielsweise passen gesprochene Worte nicht zur gezeigten Mimik und Gestik) oder aber es ergeben sich Abweichungen in den verschiedenen Phasen des Gespräches. Besonders auffällig sind in diesem Zusammenhang Diskrepanzen in der Körpersprache, der Stimme und der Sprechgeschwindigkeit zwischen Vorgespräch und Hauptgespräch. Im Vorgespräch, in dem ausschließlich mit Fragen gearbeitet wird, bei denen wahrheitsgemäße Antworten sehr wahrscheinlich sind, wird der normale Kommunikationszustand des Befragten festgestellt. Da Lügenkonstrukte aufgrund ihrer Anforderungen beim Lügner Stress verursachen, sind Abweichungen zum Normverhalten zumeist unvermeidlich.

Antwortzeitverhaltensabweichung

Die Antwortzeit ist ein sehr guter Indikator zur Feststellung einer täuschenden Aussage. Um diesen Indikator deutlich zu erkennen und nicht falsch zu interpretieren, ist ein ausführliches Vorgespräch von grundlegender Bedeutung. Da Lügen konstruiert werden müssen, bedarf es für sie mehr Nachdenkzeit als für die Wahrheit. Der Grund dafür ist, dass sich eine Lüge in den Gesamtsachverhalt wie ein Mosaikstein harmonisch einfügen muss, will sie unerkannt bleiben. Dabei muss die Lüge sowohl zum bisher Gesagten als auch zu den noch zu erwartenden Fragen im weiteren Gesprächsverlauf passen. Gerade bei ausführlichen und komplexen Gesprächen bedeutet dies eine enorme kognitive Anforderung an den Lügner. Ganz im Gegensatz hierzu die Wahrheit, die nur aus dem Gedächtnis abgerufen werden muss.

Kurz-Antwort-Präferenz

Fragen werden vorrangig mit Ja oder Nein beantwortet, obwohl mit offenen Fragearten gearbeitet wurde. Konkretisierungen finden nur auf Nachfrage statt. Fragen werden auffällig oft mit „Ich weiß nicht." beantwortet.

Möglicherweise versucht der Befragte so, eigene Festlegungen oder Widersprüche zu vermeiden. Denn je kürzer er die Lügen hält, desto überschaubarer bleiben diese für ihn.

Jemand, der die Wahrheit sagt, hat keinen Grund, seine Aussagen sehr kurz zu halten. Freilich ist hier auch der Charakter des Befragten zu berücksichtigen. Wenn sich in der Vorgesprächsphase herausgestellt hat, dass der Befragte von Haus aus sehr wortkarg ist, muss dieser Warnindikator nicht unbedingt vorliegen. Anders verhält es sich indessen, wenn ein zuvor gesprächiger Zeitgenosse auf einmal nur noch sehr knapp antwortet.

Teilwiderlegungen

Können während des Gesprächs Teile der Aussagen des Befragten zweifelsfrei widerlegt werden, ist äußerste Vorsicht und intensives Nachhaken angebracht. Dies gilt auch, wenn es hierbei nur um einen einzigen Punkt geht. Es spielt keine Rolle, ob es sich dabei lediglich um eine Randbemerkung handelt, mit welcher der Befragte seine Glaubwürdigkeit unterstreichen möchte.

Menschen, die mit der Bereitschaft zu einer vollständigen und wahrheitsgemäßen Aussage in das Gespräch gehen und somit nichts zu verbergen haben, gefährden ihre Glaubwürdigkeit in der Regel nicht durch eine unnötige Lüge am Rande.

Gesprächsaussagen können durch das Eigenwissen des Interviewers, andere Aussagen oder durch offensichtliche Tatsachen widerlegt werden.

ES MUSS DAS BESTE
IRGENDWO ZU FINDEN SEIN.

Johann Wolfgang von Goethe

Nonverbale Lügensignale im Bewerberinterview

Uns Menschen ist es nicht möglich, nicht zu kommunizieren. Wir kommunizieren ständig auf verschiedenen Kanälen bzw. Ebenen. Das bedeutet in der Schlussfolgerung, dass wir von unseren Mitmenschen ständig verbale oder nonverbale Mitteilungen erhalten und auch selbst welche aussenden.

Demzufolge ist der Erfolgsfaktor Nummer 1 bei jedwedem Gespräch, in dem es etwas herauszufinden oder durchzusetzen gilt, sowohl auf verbale als auch auf nonverbale Mitteilungen des Gesprächspartners speziell zu achten und diese Wahrnehmung mit einer professionellen Gesprächstaktik zu kombinieren.

Hierfür bedarf es einer geschulten Beobachtungsgabe und einer gut strukturierten taktischen Vorgehensweise, um den Gesprächsverlauf zu den eigenen Gunsten zu beeinflussen.

Bei der nonverbalen Körpersprache achten viele Menschen lediglich auf einen Bereich, wie zum Beispiel die Mimik oder Armhaltung. Entscheidend ist aber, die nonverbale Körpersprache in ihrer Gesamtheit zu erfassen und im Kontext zu den verbalen Äußerungen zu setzen. Oftmals kann man Lügner daran erkennen, dass ihre verbale Sprache etwas anderes aussagt, als ihre nonverbale.

Für eine professionelle Wahrnehmung ist es außerdem wichtig, die Signale der einzelnen Körperteile untereinander abzugleichen. So kann man gut erkennen, wann der Gesprächspartner künstlich versucht, eine täuschende Körpersprache zu benutzen. Es mag ihm vielleicht gelingen, einzelne Körperteile bis zu einem gewissen Grad zu kontrollieren, zum Beispiel die Mimik, aber dadurch gehen ihm nur ungeschulte Personen auf den Leim. Dies geschieht jedoch zugegebenermaßen mit hoher Wahrscheinlichkeit. Professionelle Befrager achten also auf den Abgleich der einzelnen Körperteile untereinander und der Stimmigkeit mit der verbalen Kommunikation. Selbst der beste Lügner ist damit überfordert, alle seine vielfältigen Kommunikationskanäle zu kontrollieren.

Betrachten wir die Aussagekraft der einzelnen Körperteile. Zu beachten ist, dass keine der nachfolgenden Aussagen zur Deutung der Körpersprache als absolut und dogmatisch, sondern lediglich als ein

Hinweis zu betrachten ist, der im Kontext der verbalen Aussagen und des Gesamtzusammenhangs des Gesprächs wahrgenommen werden muss. So kann eine rötliche Gesichtsfarbe beispielsweise ein Hinweis auf ein Lügensignal, ein Ärgernis oder einfach nur auf krankheitsbedingten Bluthochdruck sein.

Die allerwichtigsten Körperteile in der nonverbalen Wahrnehmung sind:

- Kopf
- Gesicht
- Hals
- Schultern
- Arme
- Hände
- Beine und Füße

Dann müssen wir uns auch noch mit der gesamten Haltung an sich beschäftigen, also dem Stand oder der Sitzposition.

Nachfolgend werden Körpersprachsignale nur in ihren Grundzügen behandelt. Für eine ausführlichere Beschreibung verweise ich auf meine Buchreihe „Kriminalistische Befragungstaktiken für die Wirtschaft" sowie bestimmte Seminare, die ich im Rahmen von Löw & Partner anbiete.

Kopf

- **Kopf nach oben gehalten:**
  Selbstbewusste, gegebenenfalls auch arrogante Haltung

- **Kopf nach unten gehalten:**
  Unsicherheit, schlechtes Gewissen

- **Kopf zur Seite:**
  Wohlfühlgeste, Friedensangebot

Gesicht

- **Erweiterte Pupillen:**
  Bereitschaft zur Informationsaufnahme

- **Verengte Pupillen:**
  Abwehr-, Konfrontationshaltung

- **Augenbrauen nach oben gezogen:**
  Informationsaufnahme

- **Augenbrauen nach unten gezogen:**
  Widerspruch, Aggression

- **Mund offen:**
  Informationsaufnahme, Erstaunen

- **Lippen zusammengepresst:**
  Akzeptanzproblem, Anspannung

<u>Hals</u>

- **Hals lang bzw. Kinn nach oben:**
  Selbstsicherheit, gegebenenfalls Angriffslust

- **Hals kurz bzw. Kinn nach unten:**
  Unsicherheit, Schutzfunktion

Schultern

- **Schultern zurückgezogen:**
  Selbstbewusste Haltung durch Betonung des Brustkorbes (wird manchmal aber auch täuschend eingesetzt!)

- **Schultern vorgezogen:**
  Verkrampfte Haltung, Unsicherheit

- **Schultern hängengelassen:**
  Mangelndes Selbstbewusstsein, Aufgabe (manche Menschen haben anatomisch bedingt hängende Schultern. Gesamtwahrnehmung!)

Arme

- **Offene Armhaltung:**
  Selbstbewusstsein, Entspanntheit

- **Geschlossene Armhaltung:**
  Unsicherheit, Abwehr

- **Ellbogen unten/normale Position:**
  Entspanntheit

- **Ellbogen oben:**
  Abwehr, Anspannung, Aggression
- **Offene Handhaltung:**
  Entspanntheit
- **Geschlossene Handhaltung:**
  Anspannung, Nervosität
- **Einhalten an den Stuhllehnen:**
  Anspannung, Nervosität
- **Fester Händedruck:**
  Selbstsicherheit
- **Betont weicher Händedruck:**
  Unsicherheit, Selbstbewusstseinsmängel
- **Hand vor dem Mund:**
  Der Gesprächspartner will Worte zurückhalten bzw. überlegt genau, was er sagen möchte und was nicht.

Beine und Füße

- **Gespreizte Beine im Sitzen:**
  Selbstbewusstsein, Dominanz

- **Gespreizte Beine im Stehen:**
  Selbstbewusstsein, Dominanz

- **Geschlossene Beinhaltung sitzend:**
  Unsicherheit, Unbehagen

- **Geschlossene Beinhaltung stehend:**
  Unsicherheit, Unbehagen, Versteifung

- **Beine um beide Stuhlbeine geschlungen und nach vorne gebeugte Sitzhaltung:**
  Beharren auf einem bestimmten Standpunkt

- **Beine um beide Stuhlbeine geschlungen und nach hinten geneigte Sitzhaltung evtl. zzgl. Einhalten an den Stuhllehnen:**
  Angst, Unsicherheit, Abwehr

- **Füße komplett und fest am Boden stehend:**
  Selbstbewusstsein

- **Füße wippend:**
  Je nach Situation: Nervosität oder Angriffslust

REDEN LERNT MAN DURCH REDEN.

Cicero

Die 17 häufigsten Fehler bei Bewerbergesprächen

01. Mangelnde Vorbereitung des Interviewers

02. Distanziertes Gesprächsverhalten des Interviewers

03. Zu freundschaftliches Gesprächsverhalten (Kaffeekränzchen)

04. Distanz durch Barrieren (Tisch)

05. Keine Aufzeichnungen/Notizen während des Gespräches

06. Unnötiger Einsatz von Suggestivfragen

07. Hypothetische Fragestellungen

08. Zu weiche Gesprächsführung

09. Preisgabe der Einstellungen und Wertvorstellungen des Interviewers

10. Interviewer lässt sich von Vorurteilen leiten

11. Schweigephasen

12. Keine zweite Person des Unternehmens beim Gespräch zugegen

13. Zweite Person ist nicht aus dem zukünftigen Arbeitsfeld des Bewerbers

14. Keine tiefgehende charakterliche Überprüfung während des Gespräches

15. Keine tiefgehende fachliche Überprüfung während des Gespräches

16. Bewerbungsmotivation wird nicht abschließend geklärt

17. Gesprächsführung unter Zeitdruck

Die Speed-Methode zur schnellen Überprüfung der Glaubhaftigkeit

Hiermit stelle ich Ihnen die Speed-Methode zur schnellen Überprüfung der Glaubhaftigkeit vor.

Ich entwickelte diese Methode, um Ihnen eine Möglichkeit zu bieten, in kürzester Zeit eine erste fundierte Glaubwürdigkeitseinschätzung vornehmen zu können. Zugleich bietet die Methode die Möglichkeit, den Wahrheitsgehalt von Aussagen bis ins letzte Detail offenlegen zu können. Sie ist daher eine äußerst wirkungsvolle Waffe im Kampf gegen täuschendes Antwortverhalten von Gesprächspartnern.

Die Speed-Methode besteht aus insgesamt vier oder sechs Komponenten, wobei die Vier-Komponenten-Methode als Basisversion und die Sechs-Komponenten-Methode als Profiversion betrachtet werden kann.

Die Komponenten der Basis-Version beinhalten drei verschiedene taktische Fragearten, die im Kontext des Antwort-Zeit-Verhaltens zu betrachten sind. Daher werde ich nachfolgend diese drei Fragearten jeweils einzeln erläutern und Ihnen die Bedeutung des Antwort-Zeit-Verhaltens näher bringen.

Sie werden mit ein wenig Übung feststellen, welch erstaunliche Gesprächsergebnisse man mit der Speed-Methode erzielen kann. Die Speed-Methode trägt ihren Namen in zweierlei Hinsicht, denn sie bringt nicht nur schnelle Ergebnisse, sondern sie ist auch schnell zu erlernen. Lediglich die Profiversion ist mit etwas mehr Lernaufwand verbunden, da dort zwei weitere Komponenten hinzukommen.

Diese weiteren Komponenten der Profiversion bestehen aus den Warnindikatoren für verbale und nonverbale Lügenerkennung. Es bleibt bei beiden Versionen lediglich bei drei Fragearten. Der Hauptunterschied zwischen der Basis- und der Profiversion liegt also darin, dass bei ersterer nur das Antwort-Zeit-Verhalten im Kontext der Fragearten berücksichtigt wird und bei der Profiversion zusätzlich die Warnindikatoren für nonverbale und verbale Täuschungshandlungen in die Wahrnehmung miteinfließen.

Je besser die Wahrnehmungsfähigkeit des Interviewers ausgebildet ist, desto mehr kriminalistische Taktiken kann er im Gespräch tatsächlich einsetzen. Daher ist es durchaus sinnvoll, sich zunächst die Basisversion der Speed-Methode zu erarbeiten, um sich kurzfristig in die Lage zu versetzen, Anfangserfolge bei taktischen Gesprächen erzielen zu können. Im zweiten Schritt kann man sich dann an die Aneignung der zusätzlichen Fertigkeiten der Profimethode wagen.

Zu beachten ist dabei stets, dass Sie erst dann fortgeschrittene Methoden anwenden, wenn Sie den Basis-Stoff gründlich internalisiert haben. Daher empfehle ich, klein anzufangen und mit fortschreitendem Wissen und mehr Erfahrung entsprechende fortgeschrittene Methoden der Gesprächsführung anzuwenden.

Im Übrigen finden Sie in diesem Buch bei Weitem nicht alle Warnindikatoren. In meiner Buchreihe „Kriminalistische Befragungstaktiken für die Wirtschaft" stelle ich weitere Warnindikatoren vor, die Sie dann nach und nach der Speed-Methode anfügen können. Die hier behandelten Indikatoren sind die notwendigsten zum Thema Bewerbungsbetrug.

JEDER SIEHT, WAS DU SCHEINST.
NUR WENIGE FÜHLEN, WIE DU BIST.

Niccolò Machiavelli

Speed-Methode zur Glaubhaftigkeitsprüfung

Basisversion

- Nebensächlichkeitsfragen
- Nachsetzfragen
- Wiederholungsfragen
- Antwort-Zeit-Verhalten

Profiversion

- Nebensächlichkeitsfragen
- Nachsetzfragen
- Wiederholungsfragen
- Antwort-Zeit-Verhalten
- Verbale Warnindikatoren
- Nonverbale Warnindikatoren

Nebensächlichkeitsfragen

Nebensächlichkeitsfragen sind ein einfaches, aber sehr effizientes Mittel zur Lügenüberführung und Entlarvung von Komplotten und falschen Alibis. Grundsätzlich gilt, dass sich ein Lügner immer nur auf das eigentliche Kernthema vorbereiten kann. Er kann niemals alle denkbaren Fragen voraussehen.

Hier bietet sich ein sehr effizienter Ansatzpunkt. Es lassen sich immer Nebenthemen finden, bei denen der täuschende Befragte unvorbereitet ist. Man kann Nebensächlichkeitsfragen beliebig anwenden, beispielsweise bei der Überprüfung von Beziehungsgeflechten, Örtlichkeiten oder tatsächlich vorhandenem Fachwissen.

Im Kapitel „Praxisbeispiele“ berichtete ich Ihnen von dem Fall der angeblichen Geschäftsführung eines großen Autohauses in Süditalien. Diesen Bewerbungsbetrüger hätte man mit der gekonnten Anwendung von Nebensächlichkeitsfragen leicht überführen können. Wie bereits erwähnt, kann man bis zu einem gewissen Grad davon ausgehen, dass sich der täuschende Bewerber vorbereitet hat. Aber irgendein

Thema lässt sich immer finden, bei dem der täuschende Gesprächspartner auffliegt.

Denkbare Nebensächlichkeitsthemen wären in diesem Fall spezielle Fragen zu typischen regionalen Speisen, zur Modellpalette des Herstellers, zur Infrastruktur, zu Besonderheiten der Käufermentalität und sonstigen regionalen Besonderheiten, die man kennt, wenn man in dieser Branche tatsächlich gearbeitet hat. Für den Interviewer ist die Vorbereitung der Nebensächlichkeitsfragen nicht sonderlich aufwändig, braucht er doch lediglich einige Spezialdaten aus dem Internet abzurufen. Dabei sollte es sich um nicht vorhersehbare Fragen handeln, die der glaubwürdige Gesprächspartner aber problemlos beantworten kann.

Nachsetzfragen

Den Nachsetzfragen liegt dasselbe Prinzip wie bei den Nebensächlichkeitsfragen zugrunde. Die Nebensächlichkeitsfrage bohrt solange in scheinbaren Nebensächlichkeiten nach, bis der Befragte beginnt, sich in Widersprüche zu verstricken. Die Nachsetzfrage hat die gleiche Intention. Grundlage der Nachsetzfragen ist jedoch keine Nebensächlichkeit, sondern das Ausgangsthema als solches.

Der Interviewer fordert ohne Unterlass Präzisierungen und ausführlichere Darstellung der Details zu einer bestimmten Aussage ein und überprüft auf diese Weise, wie fundiert die Aussage wirklich ist. Ein Lügner bereitet sich stets nur auf das eigentliche Kernthema vor. Diese Vorbereitung kann aufgrund der Vielzahl an denkbaren Fragen nur oberflächlicher Natur sein. Spezialfragen wie Nebensächlichkeitsfragen und Nachsetzfragen blicken jedoch tief unter die Oberfläche, während herkömmliche Gesprächstechniken diese bestenfalls berühren.

Beispiele

Interviewer: Welche Fremdsprachenkenntnisse haben Sie?

Bewerber: Italienisch, Englisch und Französisch.

Interviewer: Wie gut beherrschen Sie diese Sprachen?

Bewerber:	In Italienisch habe ich fundierte Grundkenntnisse. Französisch beherrsche ich gut und Englisch sehr gut.
Interviewer:	Was verstehen Sie unter fundierten Grundkenntnissen?
Bewerber?	
Interviewer:	Können Sie eine französische Tageszeitung lesen?
Bewerber?	
Interviewer:	Ist Ihr Englisch verhandlungssicher?
Bewerber?	
Interviewer:	Können Sie Geschäftsbriefe auf Englisch schreiben?
Bewerber:	Ich habe schon oft englische Geschäftsbriefe geschrieben.

Interviewer:	Was verstehen Sie unter oft?
Bewerber?	
Interviewer:	Was ist bei englischen Geschäftsbriefen denn grundsätzlich zu beachten?
Bewerber?	
Interviewer:	Haben Sie sowohl mit England als auch mit den USA korrespondiert?
Bewerber:	Ja, das habe ich.
Interviewer:	Was sind die wesentlichen Unterschiede zwischen diesen beiden Ländern, zum Beispiel die Geschäftskorrespondenz und die Gepflogenheiten betreffend?

Und so weiter…

MENSCHEN MIT EINER NEUEN IDEE GELTEN SO LANGE ALS SPINNER, BIS SICH DIE SACHE DURCHGESETZT HAT.

Mark Twain

Wiederholungsfragen

Wiederholungsfragen können bei komplexen und längeren Gesprächen hervorragend zur Glaubwürdigkeitsüberprüfung angewandt werden. Dem Befragten werden nach einem längeren Gesprächsverlauf dieselben Fragen noch einmal gestellt.

Gegebenenfalls können die Formulierungen aus taktischen Gründen anders gestaltet (umformuliert) werden, der wesentliche Inhalt der Frage bleibt jedoch immer gleich. Da der wahrheitsgemäß aussagende Befragte seine Antworten aus dem Gedächtnis abruft, wird er mit solchen Fragen kein Problem haben, ganz im Gegenteil zum Lügner. In diesem Zusammenhang verweise ich nochmals auf die „Vergessenskurve" nach Hermann Ebbinghaus.

Wiederholungsfragen sind sogar schon vor dem eigentlichen Termin des Vorstellungsgespräches verwendbar. Der Bewerber wird hierbei gebeten, im Rahmen einer Vorauswahl einen schriftlichen Fragebogen auszufüllen, der eine Vielzahl an Fragen zu seiner Person umfasst. Das eigentliche Bewerbergespräch findet dann ca. drei Wochen später statt.

PASSED
SUCCESS
ABSCHLUSSZEUGNIS
Deutsch
Mathe
Latein
Geo
Physik

Wenn der Bewerber bei einem Teil der Fragen gelogen hat, weil er die Antworten nach den von ihm vermuteten erwünschten Antworten ausrichtet, wird er sich schwertun, alle bereits gegebenen Antworten 1:1 aus dem Gedächtnis abzurufen. Der wahrheitsgemäß Aussagende hat mit den Wiederholungsfragen jedoch keine Probleme.

Ein angenehmer Nebeneffekt des angesprochenen Fragebogens ist die hierbei integrierte Möglichkeit der Nachprüfung, inwieweit ernsthaftes Interesse seitens des Bewerbers an der ausgeschriebenen Stelle besteht. Ist Ihre ausgeschriebene Stelle eine von vielen, auf die er sich beworben hat, wird ihm wahrscheinlich der Aufwand für eine solche Fragenbeantwortung zu viel sein.

So erkennen Sie schon vorab, ob der Bewerber sich im Rahmen einer Massenbewerbung für Ihre Stelle nur deswegen beworben hat, um einer mathematischen Wahrscheinlichkeit an Vorstellungsgesprächsangeboten genüge zu tun, oder ob er wirklich speziell an Ihrem Unternehmen und an Ihrer Stelle interessiert ist. Ein ernsthafter Bewerber wird sich die Mühe machen, den Fragebogen bestmöglich zu beantworten.

Aber auch während des Bewerberinterviews sind Wiederholungsfragen eine wertvolle Hilfe. Nach einer Vielzahl von Fragen kann sich Ihr Gesprächspartner kaum alles gemerkt haben. Wenn er täuschend antwortet, dann wird er sein Antwortverhalten oftmals spontan gestalten. Er wird die seiner Meinung nach bestmögliche situationsbezogene Antwort geben. Daher ist es dann ein leichtes mit Wiederholungsfragen Überprüfungen vorzunehmen.

Diese Überprüfungen werden dann vollzogen, in dem dieselben Fragen noch einmal gestellt werden, jedoch anders formuliert. Zu beachten ist in diesem Zusammenhang, dass die Fragen trotz der Umformulierung inhaltlich gleich bleiben müssen. Der glaubwürdige Befragte der seine wahrheitsgemäßen Erzählungen aus dem Gedächtnis abruft, wird auch die inhaltlich gleichen umformulierten Fragen in gleicher Weise beantworten.

Der Lügner ist damit jedoch kognitiv überfordert. Allerdings nur, wenn eine Vielzahl von Fragen vorausgegangen sind und zwischen der Originalfrage und der umformulierten Frage eine gewisse Zeit, idealerweise mehr als zwanzig Minuten, vergangen ist. Wichtig ist außerdem hierbei noch, dass die umformulierten Fragen nach und nach unauffällig und mit Bedacht eingestreut werden.

Antwort-Zeit-Verhalten

Das Antwort-Zeit-Verhalten ist einer der interessantesten Indikatoren für die Glaubwürdigkeitsbeurteilungen von Gesprächspartnern. Der Unterschied zwischen einer Lüge und einer wahrheitsgemäßen Aussage besteht in erster Linie darin, dass Lügen konstruiert werden müssen und die Wahrheit nur aus dem Gedächtnis abgerufen zu werden braucht.

Dieser wesentliche Unterschied zwischen Wahrheit und Lüge wirkt sich deutlich wahrnehmbar auf die Zeit zur Beantwortung von Fragen aus. Dieses Phänomen wird in der Kriminalistik als sogenanntes Antwort-Zeit-Verhalten bezeichnet.

Dem Lügner stellen sich beim Konstrukt einer Lüge mehrere Schwierigkeiten. Zunächst muss die Lüge zum Zeitpunkt ihrer kommunikativen Platzierung glaubhaft sein. Weiterhin muss sich die Lüge mit allen bisher gemachten Aussagen des Befragten im Einklang befinden. Es darf an keiner Stelle ein Widerspruch entstehen. Schlussendlich muss eine gute

Lüge auch mögliche noch zu erwartende Anschlussfragen berücksichtigen und darf sich mit diesen ebenso wenig in einen Widerspruch verstricken.

Die kognitiven Anforderungen an einen Lügner, eine gute Lüge zu konstruieren, sind also enorm hoch. Durch geschickte taktische Interviewführung lässt sich dieser Druck noch einmal erheblich steigern. Eine solche Steigerung kann z.B. dadurch erreicht werden, dass der Interviewer das Gespräch ständig am Laufen hält. Dadurch wird dem lügenden Gesprächspartner die Möglichkeit des längeren Nachdenkens genommen. Er ist gezwungen, spontan zu antworten. Im Gegensatz zum glaubhaften Gesprächspartner stellt das für den täuschenden Befragten ein großes Problem dar.

Hieraus ergeben sich nun mehrere Möglichkeiten für den Ansatz der Lügenerkennung. In den meisten Fällen wird der Lügner bei kritischen Fragen länger nachdenken, um sich nicht in Widersprüche zu verstricken. Dadurch kommuniziert er jedoch ungewollt mit dem Interviewer. Seine indirekte Aussage könnte in etwa so lauten: „Ich brauche noch ein wenig Zeit zum Nachdenken über meine Lüge und kann daher leider nicht spontan antworten.“

Es bietet sich dem Interviewer die Möglichkeit, durch genaue Beobachtung festzustellen, ob der Befragte immer bei bestimmten Antworten deutlich länger braucht als sonst. Daraus können dann entsprechende Schlüsse gezogen und die Gesprächstaktik daraufhin abgestimmt werden.

Oftmals bemerkt der täuschende Gesprächspartner seinen Widerspruch selbst und wird dadurch nervös. Diese Nervosität lässt sich wiederum sehr gut wahrnehmen. Sie äußert sich in einer vom Normalverhalten abweichenden Körpersprache oder in Änderungen des allgemeinen Kommunikationsverhaltens wie Sprechgeschwindigkeit, Stimmlage, Betonungen, usw.

Entscheidend bei der Erkennung von Lügen ist also immer die Abweichung vom Normverhalten des Lügenden. Dieses Normverhalten sollte durch eine intensive Vorgesprächsphase zunächst ermittelt worden sein.

Sollte sich der Lügner jedoch dazu entschließen, trotzdem spontan zu antworten, um all dem Vorgenannten zu entgehen, dann sind seine Antworten nicht durchdacht und ein gefundenes Fressen für die

Speed-Methode zur schnellen Überprüfung der Glaubwürdigkeit.

Zusammenfassung der Speed-Methode

Um die Basisversion der Speed-Methode anwenden zu können, ist die Beherrschung der drei Fragearten erforderlich. Die Wahrnehmung eines verzögerten Antwort-Zeit-Verhaltens sollte kein größeres Problem darstellen. Sehr empfehlenswert ist die Verwendung eines Gesprächsleitfadens, da die Zeit, die der Interviewer für sich selbst und die Gestaltung seiner Gesprächsführung benötigt, bei der Wahrnehmung des Gesprächspartners abgeht. Eine möglichst optimale Wahrnehmung und flüssige Gesprächsführung ohne Schweigephasen sind für die Glaubwürdigkeitserkennung von Gesprächspartnern von elementarer Bedeutung.

Noch fundiertere Ergebnisse liefert die Profiversion der Speed-Methode. Hierzu ist es erforderlich verbale und nonverbale Warnindikatoren zu erkennen. Wie bereits erwähnt, ist bei der Lügenerkennung bzw. Glaubhaftigkeitsprüfung immer die Abweichung vom Normverhalten entscheidend.

Die Basisversion der Speed-Methode muss nicht zwangsläufig nur für Anfänger und die Profiversion ausschließlich für Fortgeschrittene anwendbar sein. Richtig ist jedoch, dass die Profiversion keinesfalls für Anfänger geeignet ist, während die Basisversion von einem Anfänger schnell erlernt und erfolgreich angewandt werden kann. Es gibt hingegen aber Situationen, in denen die Basisversion besser geeignet ist. Dies ist beispielsweise dann der Fall, wenn aufgrund der Umstände keine Möglichkeit bestand, dass Normverhalten des Gesprächspartners zu ermitteln und das Gespräch unter Zeitdruck geführt werden muss.

In diesem Buch finden Sie Warnindikatoren zur verbalen und nonverbalen Glaubwürdigkeitsüberprüfung und einige Indikatoren bzw. Beschreibungen zur nonverbalen Glaubwürdigkeitseinschätzung. Im Zusammenhang mit Aussagen zur nonverbalen Überprüfung ist zu beachten, dass diese nicht als festes Dogma, sondern als ungefähre Richtlinie zu betrachten sind. Sie sollten sich sowohl bei den verbalen als auch bei den nonverbalen Warnindikatoren nicht auf eine einzelne Reaktion versteigen, sondern auf eine Häufung oder Tendenz in eine bestimmte Richtung achten.

Bei den Beschreibungen der nonverbalen Aussagen ist ein weiterer Punkt unbedingt zu beachten. Wie bereits ausgeführt, tritt beim täuschenden Befragten Stress auf. Dieser äußert sich fast immer in einer Änderung der Körpersprache. Wenn also der Interviewte nervös zu werden beginnt und seine bisherige Körpersprache daraufhin ändert, dann hat dies eine höhere Aussagekraft als die allgemeine Deutung von nonverbalen Verhaltensweisen.

Wenn sich bei bestimmten Themen oder Fragen auffällige Tendenzen häufen, ist der Zeitpunkt zum Einsatz der Speed-Methode gekommen.

Wenn Sie die drei Fragearten der Speed-Methode beherrschen, dann sollten Sie daran arbeiten, diese Fragearten in beliebigen Kombinationen im Gespräch anzuwenden. Beherrschen Sie auch das, dann sollten Sie sich mit der Profiversion vertraut machen. Sobald Sie auch diese Aufgabe gemeistert haben, haben Sie ihre anfängliche Gesprächskompetenz, unabhängig auf welchem Level sich diese zuvor befand, enorm gesteigert. Der erste Schritt zum Befragungsprofi ist getan.

ES IST NICHT GENUG ZU WISSEN –
MAN MUSS AUCH ANWENDEN.
ES IST NICHT GENUG ZU WOLLEN –
MAN MUSS AUCH TUN.

Johann Wolfgang von Goethe

Nachwort

Sehr geehrte Leserin, sehr geehrter Leser,

durch die vollständige Lektüre dieses Buches haben Sie sich nun intensiv mit der Thematik des Bewerbungsbetruges sowie den möglichen Erkennungsmerkmalen und Schutzmöglichkeiten beschäftigt. Ich hoffe sehr, dass es mir gelungen ist, Ihnen in verständlicher Form das Wesentliche dieser Thematik zu vermitteln.

Ich bin mir sicher, dass Sie jetzt über ein hinreichendes Expertenwissen verfügen, um die meisten Bewerbungsbetrugsfälle schnell zu erkennen und sich so vor unlauteren Mitarbeitern zu schützen. Eine hundertprozentige Sicherheit kann es selbstverständlich nie geben. Es kann jedoch der Versuch unternommen werden, möglichst nahe an diese Marke heranzukommen. Hierzu haben Sie den ersten Schritt in die richtige Richtung getan.

Es ist nun Ihre Entscheidung, ob Sie auf dem bisher geschaffenen, soliden Grundwissen aufbauen möchten oder ob Sie sich mit Ihrem jetzigen Wissenstand zufrieden geben. Wenn Sie aber Geschmack an kriminalistischen Methoden und Wahrnehmungstechniken zur Lügenerkennung gefunden haben, würde ich das sehr begrüßen.

In diesem Fall darf ich Ihnen zur Wissenserweiterung und -vertiefung meine Buchreihe „Kriminalistische Befragungstaktiken für die Wirtschaft“ und meine Seminare empfehlen. Sollten Sie womöglich so wissbegierig geworden sein, dass Sie ein Vollblutprofi auf dem Gebiet der kriminalistischen Wahrnehmungs- und Befragungstaktik werden möchten, dann haben Sie die Möglichkeit, an meinem Profiseminar zum „Forensischen Befragungstaktiker“ teilzunehmen. In diesem Seminar vermittle ich das vollständige Wissen zu dieser Thematik.

Legen Sie das Buch jetzt bitte nicht einfach zur Seite, sondern arbeiten Sie es noch einmal gründlich durch. Dadurch stellen Sie sicher, dass Sie den vermittelten Stoff fest verinnerlichen.

Versuchen Sie, durch Beobachtungen im Alltag ein Gespür für Körpersprache zu bekommen. Es bieten sich jeden Tag, sowohl im Berufs- als auch im Privatleben, unzählige Möglichkeiten zur Menschenbeobachtung. Sie dürfen mir glauben, dass es gar nicht so schwer ist, sich für verbale und nonverbale Aussagen und Verhaltensweisen zu sensibilisieren.

Allerdings nützen selbst die besten Tipps nichts, wenn sie nicht auch in die Praxis umgesetzt werden. Deshalb meine Bitte an Sie: Nehmen Sie sich die Zeit für eine ausführliche Prüfung von Bewerbern und Bewerbungsunterlagen sowie für die Vorrecherche. Die Zeit, die Sie dafür zunächst einmal investieren müssen, zahlt sich hinterher in mehrfacher Hinsicht wieder aus.

Durch die Vermeidung von schwarzen Schafen ist Ihr Unternehmen auf Dauer wesentlich leistungsfähiger und produktiver. Sie tragen zudem wesentlich dazu bei, es vor den Folgen doloser Handlungen zu schützen, sei es in reputativer oder finanzieller Hinsicht.

Literaturverzeichnis

Löw, Marco:
Kriminalistische Befragungstaktiken
für die Wirtschaft.
Band I.
Norderstedt: Books on Demand 2011.

Forst, Gerrit Dr.:
Bewerberauswahl über soziale
Netzwerke im Internet?
In: NZA 27, H. 8 (2010), S. 427-433.

Notizen zu den Inhalten dieses Buches

Nutzen Sie dieses Buch am besten als Arbeitsbuch und arbeiten es nochmals durch. Dadurch erreichen Sie eine deutliche Wissensvertiefung. Ideal wäre es, das Buch mehrmals zu lesen.

Stichwortverzeichnis

A

B

D

E

F

G

H

I

K

L

N

O

P

R

S

T

U/Ü

V

W